여권 없이 떠난다,

미식으로
세계 일주

여권 없이 떠난다,

미식으로
세계 일주

타드 샘플 · 박은선 지음

중앙books

1 잇쎈틱EATHENTIC!

이 책은 '그 나라의 맛'을 충실히 재현한 식당을 소개합니다. 우리는 이런 식당을 두고 '잇쎈틱Eathentic!'이라 외칩니다. 잇쎈틱은 '먹다eat'와 '진짜 의authentic', 두 단어의 합성어입니다. 타드와 사라, 두 사람의 음식 문화 큐레이터가 운영하는 플랫폼 @toddsample_eats의 이름이기도 합니다.

2 '진짜 그 맛'을 소개합니다

이 책은 잇쎈틱 계정을 통해 소개한 레스토랑을 다룹니다. 다만 앞서 다루지 못한 비하인드 스토리를 하나하나 풀어놓았습니다. 음식에 얽힌 문화와 전통, 그리고 '그 나라 사람처럼 먹는 법'을 낱낱이 소개해 우리의 팔로어와 독자들이 조금 더 풍부한 미식 경험을 즐기도록 했습니다.

3 진정성이 기준입니다

누군가는 이렇게 물을지도 모르겠습니다. '진정성 있는 음식과 그렇지 않은 음식을 어떻게 구분하죠?' 우리가 식당을 소개하기 전에 반드시 거치는 일이 있습니다. 그건 주인장과의 충분한 대화입니다. 그만의 요리 철학과 목표를 전해 듣고, 우리의 기준에 부합하는 곳인지 신중하게 고민합니다. 레시피나 재료는 경우에 따라 한국의 실정에 맞게 조율해도 무방하지만, 얼마나 현지의 맛을 충실히 재현하고자 노력했는지를 눈여겨봅니다.

4 모든 식당을 다룰 수는 없습니다

'왜 그 식당은 없어요?' 독자 여러분의 질문이 들리는 듯합니다. 당연한 일입니다. 모든 레스토랑을 한 권의 책으로 다룰 순 없으니까요. 이 책이 잇쎈틱 레스토랑 가이드 시리즈의 첫 책이 되길 바라는 마음입니다.

5 정성껏 묻고, 열심히 듣고, 마음껏 즐기세요

외국인 주인장이나 셰프를 만났다면 정중히 음식 이야기를 청해보세요. 무슨 음식을 주문해야 할지, 어떤 재료가 들어갔는지, 제대로 즐기는 방식은 무엇인지. 그들은 언제나 호기심 많고 친절한 손님을 위해 자신들의 이야기를 들려줄 준비가 되어 있습니다.

+ 이 책에 등장하는 외래어, 외국어는 대체로 규범 표기를 준수했으나 일부는 관용적 표현을 따랐습니다. 상호명은 독자들의 검색 편의를 위해 지도 애플리케이션에 등재된 표기를 그대로 사용했습니다.

서교동의 시칠리아

서귀포의 로마

망원동의 라오스

용인의 폴란드

음식, 사람, 공간, 경험

글을 쓰려니 자꾸 여행하던 시절이 떠오른다. 슬라이드 쇼처럼 툭툭 떠오르는 장면 속에서 유독 잊히지 않는 것은 음식이다. 뉴욕 맨해튼을 거닐며 먹었던 얼굴만큼 커다란 피자 한 조각, 방콕 수완나품 공항에 닿았을 때 코끝으로 밀려오던 향긋한 판단pandan 잎의 내음, 호찌민 노천 식당에서 엉덩이가 반만 걸쳐지는 작은 의자에 앉아 5분 만에 훌훌 먹어 치웠던, 고수가 유난히 수북했던 반미. 이제는 꿈처럼 아득한 순간들.

얼마 전, 우리가 운영하는 그리스 식당 노스티모Nostimo에 왔던 한 손님 이야기를 해야겠다. 그리스에서 어린 시절을 보냈다는 그는 눈시울을 적시며 이렇게 말했다. "그리웠던 시절의 냄새가 문을 열자마자 가득 풍겨와서 저도 모르게 눈물이 났어요. 그때로 돌아간 기분이에요." 가슴이 뭉클했다. 우리의 음식이 기억 너머의 시간을 소환한 것 아닌가.

미국 펜실베이니아에서 온 내 친구 타드가 서울에서 필라델피아 치즈 스테이크를 먹고 울컥했던 순간을 트위터로 나누었던 것이 잇쎈틱의 시작이다. 내게도 그런 순간이 있었다. 영어 배우겠다고 쌈짓돈 들고 떠났던 뉴욕에서 도넛인 줄 알고 먹었던 첫 베이글의 추억. 서울 연희동의 에브리띵베이글에 갔을 때, 끼니가 절박했던 그때의 기억이 고스란히 떠올라 흐뭇한 미소가 번졌다.

우리는 음식이 주는 감동을 더 많은 이들과 나누고 싶다. 그래서 추억을 부르고, 감각을 일깨우는 '잇쎈틱' 레스토랑을 소개한다. 맛있다-맛없다의 이분법으로 평가하고 싶진 않다. 그저 음식, 사람, 공간에 얽힌 저마다의 이야기를 성실하게 전달하고 싶다. 그 속에서 누군가는 아련함을, 누군가는 흥분감을 느낄 테다. 부디 눈 밝고 사려 깊은 독자들에게 우리의 마음이 가닿기를 바란다. 열린 마음으로 과감히 자신들의 이야기를 들려준 셰프들, 그리고 이들을 포용력 있게 받아들여준 팔로어들이 있었기에 우리는 지금껏 달려올 수 있었다. 소중한 이야기와 경험을 나누어준 여러분들께 진심으로 감사 드린다.

음식 이상의 무언가를 찾아서

한국은 단일 민족으로 이뤄진 나라가 아니다. 자의든 타의든, 우리는 한국에 살면서도 다양한 문화와 환경에 노출된다. 이때, 음식은 가장 손쉽게 접할 수 있는 '문화'다. 어느샌가 사람들은 '우리 입맛'으로 순화하지 않은, 현지 그대로의 음식을 맛보길 바랐다. 외국 문화를 경험한 한국인들은 물론이고, 한국 거주 외국인 커뮤니티에서도 '고향의 맛'을 부르짖는 이들이 생겨났다. 결국, '진짜 그 맛'에 대한 간곡한 바람이 모여 지금의 잇쎈틱이 탄생했다. 현재까지 잇쎈틱에서 소개한 식당은 400여 곳(50여 개국 음식)에 이른다. 하나 고백하건대, 우리의 목표는 '맛집 소개'가 아니다. 맛집이란 '맛있는 집'인데, 맛을 판단하는 우리의 미각은 저마다의 경험과 기호에 따라 각기 다르게 작동되지 않나. 입맛이 아니라, 음식과 문화에 대한 진정성을 기준 삼기로 한 까닭이다. '잇쎈틱'한 레스토랑을 열심히 발굴하고 알리는 것, 꽤 멋진 일이라고 생각한다.

우리는 독자 여러분이 잇쎈틱에서 소개하는 공간을 통해 맛 이상의 것을 충분히 음미하길 바란다. 지역 고유의 문화와 전통, 역사를 이해하고 넓은 마음으로 받아들이길 바란다. 그러고 나면 음식을 대하는 일이 더 즐거워지기 때문이다. 일례로, 이탈리아의 파스타는 토리노, 나폴리, 시칠리아, 그리고 로마에서 각기 다른 모양과 맛을 낸다. 서울 서교동의 츄리츄리(160p)와 부암동의 파올로데마리아(152p)를 비교하면 그 차이는 더 극명해진다. 음식 만드는 사람들을 존중하고 그들의 말에 귀 기울인다면 더 흥미로운 이야기를 들을 수 있을 것이다. 이쯤에서 역지사지는 매우 효과적인 문화적 접근법이 된다. 저들의 진정성과 K푸드를 만방에 알리려는 한국인의 마음은 결코 다르지 않을 것이다.

모두에게 가혹한 시대다. 하지만 희망이 없진 않다. 혀와 위만 있다면, 우리는 어디든 여행할 수 있다. 비행기도 여권도 필요 없다. 버스 타고, 지하철 타고 그 나라의 맛을 탐방할 수 있으니까. 앞으로 길 떠날 독자에게 이 문장을 선물하고 싶다. "아는 만큼 맛있다! The more you know, the better it tastes!"

Contents

1   Asia

아시아, 어디까지 가봤니?

가깝고도 먼, 낯설고도 익숙한

중국 · 일본

동남아시아 7개국 일주

베트남
태국
인도네시아
말레이시아
싱가포르
라오스
미얀마

2   **Europe**

미식가를 설레게 하는, 유럽

3 **The Americas**

아메리카, 맛의 신대륙

4 Middle East & Africa

미지의 맛, 중동 & 아프리카

• column •

/ 한 걸음 더 /

Asia

아시아, 어디까지 가봤니?

짜장면, 쌀국수, 카레를 모르는 사람은 없을 것이다. 반미, 팟타이, 나시고렝이라면? 최소한 이들 중 한 가지 이상은 들어 보거나 맛봤을 것이다. 그렇다면 렌당, 사모사, 팔라펠은 어떤가? 까오 삐약, 호쇼르, 라그만은? '먹을 만큼 먹어봤다'고 자부하는 당신이라면 이 낯선 이름들 앞에서 잠시 주춤할 지도 모르겠다. 모험심을 자극하는 새롭고 흥미진진한 아시아 요리들이 지금 이 시간에도 당신의 활동 반경 안에서 만들어지고 있다!

China
Japan

가깝고도 먼, 낯설고도 익숙한

중국·일본

도삭면의 선구자

송화산시도삭면

📍 **1호점** 서울 광진구 뚝섬로27길 48
　　2호점 서울 광진구 아차산로30길 33

📞 **1호점** 02-6052-7826 **2호점** 02-468-7826

🍴 도삭면, 수주육편, 가지튀김

유튜브에서 놀라운 장면을 목격했다. 한 사내가 밀가루 반죽을 칼로 깎아 면을 만들어 날리고(!) 있었는데, 흡사 무협지의 한 장면 같았다. 알고 보니 도삭면刀削面(중국어로 '다오샤오몐'이라 읽는다)을 만드는 과정이었다. 중국 산시에서 기원한 도삭면은 이렇게 만든 면에 담백한 육수를 부어 먹는 요리라는데, 어떤 맛일까. 상상만으로 군침이 돌았다. 그 즈음 건대 앞 양꼬치 골목에 갓 문을 열었다는 도삭면 식당 한 곳을 찾아냈다. 2017년 겨울의 일이었다.

사실 한국에서 '진짜' 중국 음식을 맛보기란 생각보다 쉬운 일이 아니다. 화상들이 오랜 세월 토착화한 짜장면, 짬뽕, 탕수육은 거의 한국 음식에 가깝고, 오향장육이나 라조기 같은 '요리' 메뉴도 한국인에게 낯선 향신료들을 제거한 '순한 맛'이 대부분이다. 진짜배기 도삭면을 맛볼 수 있을까? 반신반의하는 마음으로 건대 입구의 양꼬치 거리로 향했다. 한국어보다 중국어가 더 많이 들리고, 간판의 반절 이상이 한자로 쓰인 별세계 같은 동네. 그 거리의 스산한 안쪽으로 들어서면 그제야 간판이 보인다. '송화산시도삭면松花山西刀削面'. 조심스레 문을 열고 들어가자 중국인 손님 두어 명이 식사를 하고 있다. 메뉴판을 건성으로 훑고 일단 도삭면을 주문했다. 얼마나 지났을까, 주방 안쪽에서 내가 마주했던 그 놀라운 몸놀림이 펼쳐지고 있었다. 도삭면을 만드는 모습이었다.

"사진 찍어도 되나요?" 조심스레 부탁했으나 주방장은 고개를 젓고 거절했다. 귀한 장면인 만큼 포착하기 어려운

건 당연했다. 다행히 설왕설래 끝에 겨우 렌즈를 들이댈 수 있었는데, 끓는 물에 면을 투하하기 전까지 빠르게 촬영을 마쳐야 했다. 마음이 급해졌다. 주방장의 왼손 위에 커다란 반죽이 놓였고, 오른손으로 반죽을 깎은 뒤엔 다시 단단하게 반죽을 다독이는 과정이 반복됐다. 악기를 연주하듯 자신만의 리듬감으로 도삭면을 만들어내는 숙련된 손놀림 앞에서 시간 가는 줄도 몰랐다. 나중 일이지만 이 영상은 트위터에서 하루 만에 수천 뷰를 기록했다.

북방의 기운이 깃든 이곳의 도삭면은 산시 지방의 담담한 맛에 비해 매콤하고, 제법 묵직하다. 7시간가량 우려낸 육수의 재료는 한우 뼈와 20여 가지 향신료다. 붉은 국물에 기름이 살짝 어린 도삭면 한 그릇을 앞에 둔다. 국물 한 술에 입술이 얼얼한데, 이내 깊고 구수한 풍미가 통각을 다독인다. 화자오와 육수가 조화롭다. 넓고 두터운 면을 후루룩 빨아들이자 탄력감이 혀끝까지 전해진다. 가장자리에서 중심으로 갈수록 얇았다 두터워지는 면의 형태는, 마치 물 속에서 헤엄치는 갈치를 닮았다. 목수가 나무를 다듬듯 고르게 벼려낸 면의 두께가 감탄스럽다.

이제 수주육편을 맛볼 차례. 마라 소스에 볶인 채소와 부드러운 돼지고기를 한 입 맛보는 순간, 곧장 바이주白酒(중국 증류주의 통칭으로, 한국에서는 흔히 '고량주'라 불린다)가 떠오른다. 얼얼한 혀를 달랠 술은 바이주 말곤 없을 것이다. 가격은 천차만별이지만, 주머니 사정이 허락하는 바이주 한 병 곁들이면 분위기는 한결 달아오른다. 가지튀김도 빼놓을 수 없다. 도삭면을 빼고 이곳의 최고 메뉴를 꼽으라면 단연 가지튀김인데, 육안으로는 튀김옷이 거의 보이지 않을 만큼 얄팍한 '시스루' 반죽을 입혀 튀겨내 바삭함의 격이 남다르다. 말캉한 가지 속살은 또 어떻고. 뜨겁고 화한 취기 속에서 밤이 더 깊어간다.

이송아

"대중적인 메뉴로 바꿔야 하나, 고민도 많이 했어요." 하얼빈에서 나고 자란 이송아 대표는 행정학을 공부하고 주 상하이 대한민국 총영사관에서 근무를 했으나 문득 백화점에서 맛본 도삭면 한 그릇에 마음이 끌려 식당을 열기로 결심했다. 개업 초기, 냉랭한 반응에 갈피를 잡지 못했지만 잇쎈틱의 열렬한 소개를 통해 대중들에게 점차 알려지기 시작했다. "담백한 요리엔 맥주를, 기름진 요리엔 바이주를 곁들여야죠." 잇쎈틱과 몇 차례 함께한 씨네맛(338p)과 소셜다이닝(339p) 행사를 통해 중국 설 음식과 산시요리, 쓰촨요리를 선보이면서 더 많은 이들에게 중국 음식과 문화의 매력을 알린 이송아 대표와 송화산시도삭면은 2호점을 오픈하며 지금도 그 기세를 이어가고 있다.

+ **중국의 면**
중국은 장수를 상징하는 음식으로 잔칫날이나 생일날 국수를 먹으며 건강을 기원한다. 때문에 중국인들에게 면을 자르는 일은 금기로 여겨진다.

맵고 진한 후베이의 맛
장강중류

📍 서울 용산구 이태원로 143-28, 2층
📷 @janggang_itaewon
🍴 라즈지, 어향가지덮밥, 삼겹살감자덮밥, 마라등갈비탕면

문을 열고 들어가는 순간, 주방에서
뜨거운 불을 뿜으며 신나게 움직이는
'웍'*이 이목을 단숨에 사로잡는다. 중국
요리의 특유의 '불맛'이 기대되는 순간이
랄까. 메뉴판을 열어 죽 훑어본다.

중국의 음식 문화는 굽이치는 양쯔강의 물길처럼 역동적
이고 다채롭다. 장강(양쯔강)의 중류를 뜻하는 말, '장강중류
長江中流'를 간판으로 내건 까닭은 아마 그래서일 것이다. 양
쯔강이 흐르는 후베이 지방의 음식을 요리하는 이곳에 가면
사천고추의 매운맛과 화자오花椒**'의 독특한 풍미를 즐길
수 있다. 과거 중국 선양瀋陽 영사관에서 요리사로 근무했던
오준우 오너 셰프는 업무 후 틈틈이 음식을 연구하면서 대륙
의 중원인 후베이湖北 지역의 요리에 흠뻑 빠져들었고, 비로
소 중국의 맛을 이해하게 됐다고 한다. 광화문 한 빌딩의 지
하상가에서 단출한 규모의 공간으로 출발한 이곳은 일대 직
장인들에게 '요리 제대로 하는 곳' '한잔 하기 좋은 곳'으로
입소문이 자자했다. 1년 전 이태원으로 자리를 옮기면서 공
간을 확장하고, 보다 다양한 메뉴를 선보이면서 더 많은 이
들의 발길을 모으고 있다.

---

* 웍wok은 '가마솥 확鑊'(중국어 병음 : huò)을 광둥어로 읽은 것이다.
** 메뉴명에 '마라'가 들어가는 음식은 이 화자오와 붉은 고추가 같이 들어가 맛을 낸 것이다.

　가장 먼저 테이블에 오른 것은 연근이 들어간 돼지갈비
찜. 후베이에서 연근을 안 먹어봤다는 건 이탈리아에서 피
자를 그냥 지나쳤다는 것과 같다. 고운 연분홍빛을 띠는 후
베이 연근은 단연 지역 최고의 식재료로 꼽힌다. 돼지갈비
에 듬성듬성 썬 연근이 들어간 이 요리는 주로 귀한 손님에
게 대접하는 음식이다. 뽀얀 국물 앞에서 이내 속이 따뜻해
진다.

　간장 양념으로 맛을 낸 삼겹살감자덮밥을 맛볼 차례. 고
소하고 순한 맛의 첫인상은 그리 오래가지 못한다. 전분으로
부드럽게 소스를 만들어 흡사 하이라이스처럼 보이는 만듦
새지만, 메뉴판에 그려진 고추 2개의 위력을 제대로 분출한
다. 혹독하게 매콤하고, 놀랍도록 감칠맛이 난다.

어향가지덮밥도 눈길을 끈다. 살짝 튀긴 가지 겉면은 바삭바삭하고, 말캉한 속은 크림처럼 녹아내린다. 매콤한 어향소스와 간 돼지고기를 함께 볶아 가지 위에 끼얹어 놓으니 고소한 맛이 한층 살아난다. 이때 딸려 나온 양배추의 맛도 일품이다. 살짝 볶은 듯한 식감, 새콤한 감칠맛이 입맛을 돋운다. 입안의 열기를 잠재울 때도 요긴하다.

아차, 라즈지辣子鸡***를 빼놓고 장강중류를 논할 수 있을까? 라즈지는 오늘날 장강중류의 명성을 만든 메뉴다. 매끈하게 윤이 나는 닭튀김 위로 소복하게 쌓인 붉은 고추를 보라. 닭튀김이 주인공인지, 마른 고추가 주인공인지 헷갈릴 만큼 고추의 담음새가 압도적이다. 쌓여 있는 고추를 걷어내고 바삭한 닭튀김을 맛본다. 일단 한 번 라즈지의 튀김옷과 양념, 고소한 살코기를 먹고 나면 누구든 절대 젓가락질을 멈출 수 없을 테다.

배는 한껏 불렀지만 옆 테이블에서 주문한 마라등갈비탕면의 모습을 보자 다시 식욕이 동한다. 커다란 그릇에 담겨 나온 국물, 그리고 그 위로 봉긋하게 솟아오른 등갈비. 결국 홀린 듯 한 그릇 주문한다. 새빨간 국물에 은근하게 기름이 오른 마라등갈비탕면이 식탁에 오르자 절로 침이 고인다. 숟가락을 들려던 찰나, 주인장이 일갈한다. "국물은 드시지 마세요!" 국물부터 한 술 뜨고 싶었던 속마음을 들킨 걸까? 대

*** 우리 식으로 읽으면 '라조기'. 튀긴 닭을 매운 양념으로 다시 볶아낸 요리를 이르는 말.

체 얼마나 맵기에? 매운 음식에 강한 이들이라면 도전 의지를 불태울지도 모르지만, 주인장 말대로 어지간하면 먹지 않는 편이 낫다. 고춧가루 덩어리가 목을 꽉 막는, 강력한 매콤함을 자랑하기 때문이다. 국물 대신 오랜 시간 익혀 국물이 잘 밴 등갈비를 먼저 즐기기로 한다. 뼈에 붙은 살이 부드럽게 발린 뒤 미끄러지듯 입안으로 들어온다. 풍요로운 맛이 입안 가득 맴돈다. 등갈비와 함께 익힌 모닝글로리, 느타리버섯, 목이버섯, 새송이버섯, 2가지의 건두부, 숙주, 양배추 그리고 에그누들을 하나씩 골라 먹는 재미도 쏠쏠하다. 이 작은 한 그릇에 넘치는 즐거움이 담겨 있다.

국내 유일의 가물치 훠궈

인량훠궈

📍 서울 강남구 강남대로140길 9 비피유빌딩 B1
📞 02-516-8777
📷 @renliang_fishhotpot
🔥 훠궈

몇 해 전부터 '마라'가 일으킨 중식 붐이 여전하다. 훠궈火鍋는 이 유행의 맨 앞에 있는 음식이다. 놋그릇에 불을 지펴 만든다는 뜻을 지닌 이 요리는 영어 문화권에서 핫팟hot pot이라는 이름으로 더 널리 알려졌다. 먼 옛날 중국 상인들이 부둣가 앞에 모여서 팔고 남은 고기의 잡부위를 국물에 넣어 끓여 먹었던 것을 훠궈의 가장 유력한 기원으로 본다. 제각기 가져온 재료를 국물에 찍어 먹는 것이 훠궈의 원형이고, 국물을 구분하기 위해 반반 나뉜 냄비가 이미 이때부터 출현했다고 전해진다. 훠궈의 매력은 고기 육수의 백탕과 매콤한 마라 국물의 홍탕, 2가지 국물을 한 냄비에 같이 끓여 고기나 채소를 원하는 국물에 익혀 먹는 데 있다. '짬뽕이냐 짜장면이냐'의 딜레마 없이 마음껏 일타쌍피의 즐거움을 누리는 셈이다.

논현동 주택가 골목 안으로 들어서면 훠궈, 하고도 온갖 버섯을 넣어 즐긴다고 알려진 원난성雲南省의 정통 훠궈를 선보이는 식당이 있다. 이름은 인량훠궈人良火鍋. '먹을 식食' 자를 파자破字해 '사람 인人'과 '좋을 량良'으로 이어 쓴 것이다. 사람 좋은 곳, 어쩌면 좋은 사람이 모이는 곳. 한국인 김준엽, 중국 다롄 출신의 류스치 커플이 운영하는 이곳은 '국내 유일의 가물치 훠궈를 맛볼 수 있는 식당'이란 슬로건을 내건다. 민물 생선인 가물치는 예로부터 한국에서도 귀한 식재료로 취급 받았고, 출산 직후 산모의 젖이 잘 돌게 하는 보양식으로 쓰여 왔다. 중국에선 귀한 손님이 방문할 때 생선을 내는 것을 예로 치는데, 내륙이라 물이 귀한 윈난성에서는 가물치를 최고급 생선요리로 여긴다. 이곳의 훠궈는 가물치를 푹 고아 국물을 내고, 여러 가지 버섯을 넣어 맛과 영양의 두 마리 토끼를 잡은 보양식이다. 산뜻하고 모던한 입구로 들어서면 계단 옆에 펼쳐진 커다란 가물치 어항을 맞닥뜨린다. 어른 팔뚝만 한 녀석들이 어항을 어슬렁거리며 헤엄치는데, 누군들 그 앞에서 발걸음을 멈추지 않을 수 없다.

이곳의 국물은 크게 4가지로 나뉜다. 23가지 재료로 오랫동안 끓인 형형한 붉은빛의 마라탕, 새콤한 갓 절임을 넣어 김치와 비슷한 풍미를 내는 쏸차이탕, 고소하고 산뜻한 감칠맛을 지닌 토마토탕, 그리고 오랜 시간 우려내 시골 국물처럼 묵직한 가물치탕이다. 여기서 3가지 국물을 골라 한 냄비에 끓여 먹을 수 있다. 육류로는 훠궈의 기본인 양고기와 소고기는 물론이고 우삼겹도 마련돼 있다. 퍽퍽한 식감을 원치 않는 이들이라면 우삼겹이 가장 안전하다.

윈난 지방식 훠궈의 가장 두드러지는 재료인 버섯을 살필 차례다. 이곳에선 8가지 버섯을 소개하는데, 대개가 한국에서 매우 희귀한 식재료다. 망태버섯은 그물 형태의 생김새가 남다른데, 뜨거운 탕에 익혀도 생채소의 아삭아삭함을 잃지 않고 오히려 데웠을 때 표면의 결이 한결 살아나 혀끝을 간질인다. 아가리쿠스버섯은 흙과 나무 향이 진하게 배어 있어 마치 숲을 그대로 떠먹는 듯한 기분이다. 이름과 외모가 모두 귀여운 노루궁뎅이버섯은 보숭보숭한 윗부분을 조금씩 떼어내 탕에 살짝 담가 먹는 식으로 즐긴다. 버섯 결 틈틈이 스며든 국물 맛이 일품. 포근하면서도 산뜻한 풍미가 활기를 돌게 한다.

이곳에서 가물치는 육수뿐 아니라 어육으로도 즐길 수 있다. 얇게 저며 투명한 포의 형태로 접시 위에 얹어낸 가물치는 탕에 5초 동안 익혀 먹는다. 탕엔 인삼, 당귀, 황귀, 대추 등 한약재를 넣어 비릿한 맛을 완벽히 눌렀다. 여기 생강 소스를 곁들이면 더할 나위 없다. 이내 투명함은 사라지고 부드러움과 고소함만 남은 가물치를 입안에 넣고 굴린다. 혀 끝에서 녹아 없어진 가물치의 맛을 되새긴다.

중국 만두의 향연
馒头? 餃子!

정통 중국 음식의 뜨거운 인기 속에서 만두는 단연 빼놓을 수 없는 음식이다. 어떤 소를 품고 있는지 알 듯 모를 듯한 오묘한 매력으로 눈과 혀를 자극하는 만두. 먹는 사람으로 하여금 언제나 기대감을 갖게 만든다. 만듦새도 천차만별. 두툼한 피에 투박하게 생긴 것은 맛이 다정스럽고, 섬세한 모양으로 빚은 것은 그 맛 또한 정교하다.

우리가 생각하는 흔한 '중국집'의 메뉴판이 적어도 10페이지 이상으로 화려하게 이뤄진 데 비해, 만두를 주로 선보이는 식당들은 대개 몇 가지 메뉴만 단출하게 선보인다. 알고 보면 여기엔 '선택과 집중'의 전략이 깃들어 있다. 만두를 만드는 과정은 실로 노동집약적이다. 만두피를 반죽하고, 밀대로 그것을 꾹꾹 누르고, 적당한 크기와 두께로 하나하나 찍어내고, 여러 가지 소를 만들고, 그제야 만두를 빚는다. 보통의 중국 만둣집에서는 날마다 그날 팔아야 할 만두를 100~200개씩 한자리에서 뚝딱 만들어낸다.

하나의 만두는 그 자체로도 맛의 완결성을 지니고 있지만, 내 입맛에 꼭 맞는 소스를 만들어 즐기는 재미도 쏠쏠하다. 풍미의 강약을 조절할 수 있달까? 테이블 위에 있는 간장과 고추기름(라자오유辣椒油)과 식초, 그리고 생강을 잘 활용하면 순한 만두의 맛에 남다른 한 끗을 더할 수 있다. 특히 매운맛을 좋아하는 당신이라면 식초, 간장에 고추기름 속 되직한 고추씨와 가루까지 건져 먹어보기를.

잠깐, 여기서 하나 짚고 넘어갈 게 있다. 우리가 흔히 만두라 일컫는 음식은 중국 현지에서 '자오쯔', 즉 교자餃子라 불린다. 그렇다면 만두는 어디서 왔냐고? 만두饅头를 중국어로 발음한 '만터우'는 중식당에서 고추잡채와 즐겨 먹는 꽃빵을 이르는 말이다. 헷갈린다면 다음 장을 펼쳐 만두의 종류에 대해 알아보자.

1 모양으로 나눈 만두

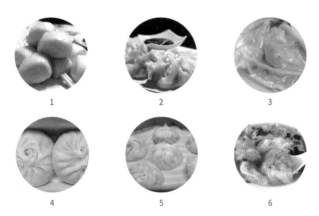

1   2   3

4   5   6

❶ **만터우饅头** : '만두'라는 이름은 만터우에서 왔다. 우리가 익히 아는 꽃빵이 오히려 만터우에 가까운 형태다. 안에 소를 넣지 않고, 발효된 밀가루 반죽을 찐빵처럼 만들어 다른 음식과 곁들여 먹는 것.

❷ **자오쯔餃子** : 우리말로 독음하면 '교자'. 보통 쪄 먹는 반달모양의 만두를 이른다. 특히 산둥 지방은 두툼한 피에 돼지고기를 넣고 반달모양으로 투박하게 빚어 손맛을 살린다. 중국 음력 설인 춘절에 가족끼리 둘러앉아 먹는 음식 중 하나.

❸ **수이자오쯔水餃子** : 자오쯔 앞에 '물 수水' 자가 붙었다. 자오쯔를 물에 데친 후 접시에 물이 살짝 고이도록 낸다. 울퉁불퉁하게 만드는 것이 매력인 가정식 메뉴.

❹ **바오쯔包子** : '포包'는 '보자기 따위로 싸다'는 뜻. 발효가 잘 된 밀가루 반죽으로 보자기에 싸듯 소를 동그랗고 곱게 싸서 위를 야무지게 오므려 만든다. 소는 보통 돼지고기를 주로 사용하지만 지방마다, 집마다 원하는 재료를 넣는다.

❺ **샤오룽바오小籠包** : 우리 식으로 읽으면 '소룡포'다. 반죽을 얇게 펴 주머니 모양을 만든 뒤 그 안에 소를 넣고, 육즙(관탕灌汤)이 나오지 않도록 조심스럽게 찜기에 쪄낸다. 완성된 샤오룽바오를 입으로 가져가기 전, 먼저 숟가락 위에 올리고 피를 조심스레 찢어 흘러나온 육즙을 후루룩 삼킨다. 그런 뒤에 채 썬 생강을 올려 함께 먹는다.

❻ **훈툰馄饨** : 훈툰은 투명할 만큼 얇은 피에 극소량의 소를 넣어 빚는다. 보통 만둣국처럼 국물과 함께 먹는다. 부드러운 피로 이뤄진 훈툰은 뜨거운 국물과 함께 훌훌 잘도 넘어간다.

2 튀긴 만두 & 군만두

1

3

2

4

❶ 궈톄鍋貼 : 소를 피로 완전히 감싸지 않고 피의 양쪽의 끝부분만 붙여 길쭉하게 빚는다. 때문에 양 귀퉁이로 소가 보인다. 구울 때 소가 나오지 않도록 섬세하게 다뤄야 한다.

❷ 젠자오쯔煎餃子 : 자오쯔를 굽는 방법은 크게 2가지다. 프라이팬에 기름을 두르고 살짝 물을 넣어 바닥은 기름으로, 윗쪽은 수분으로 익히는 방식. 바닥은 바삭하면서도 속과 윗부분의 부드러움이 동시에 느껴진다. 다른 하나는 만두를 기름에 바싹 튀겨내 전체적으로 바삭하게 만드는 것. 선택은 자유다.

❸ 성젠바오生煎包, 성젠 만터우生煎饅头 : 상하이에서 먹는 바오쯔로 형태로 모양은 한국의 왕만두와 비슷하다. 군만두처럼 아랫면만 기름에 구워 익히고 뚜껑을 덮어 위쪽은 쪄내듯 익힌다. 덕분에 기름의 고소함과 찐만두의 부드러움이 동시에 느껴진다. 단, 샤오룽바오처럼 육즙이 고여 있어 먹을 때 조심해야 한다. 위에 깨와 쪽파를 송송 썰어 예쁘게 토핑하기도 한다.

❹ 빙화자오쯔冰花餃子 : 우리 식으로 독음하면 '빙화교자'. 자오쯔를 프라이팬에 예쁘게 놓고, 전분 물을 부어 만두가 한 판이 되도록 구워 낸다. 바닥면만 바삭하게, 위는 촉촉하게 익도록 뚜껑을 닫고 팬을 뒤집는다. 접시에 담아 내면 마치 얼음 꽃이 핀 듯 아름답다. 그 모양에서 '빙화'라는 이름을 땄다.

진짜배기 하얼빈 만두
연밀

📍 경기 수원시 팔달구 창룡대로8번길 10

📞 031-242-4990

🍴 빙화만두, 물만두

하얼빈은 중국 둥베이東北 지역의 문화적 구심점으로, 중국 대륙을 통틀어 가장 만두 가게가 많은 도시로도 꼽힌다. 수원시 팔달구에 위치한 연밀은 소박하지만 진짜배기 하얼빈을 느낄 수 있는 몇 안 되는 식당이다. 딸의 학업을 위해 중국 하얼

빈에서 한국으로 이주했다는 주인장은 서툰 한국말로 이것저것 말을 건넨다. 그와 따뜻한 정담을 나누고 있노라니 어느새 하얼빈 어느 뒷골목의 만둣집에 앉아 있는 듯한 기분에 사로잡힌다. 소담한 가게 규모 치곤 만두소의 종류가 퍽 다양하다. 닭, 양고기, 삼치, 표고버섯, 샐러리, 고수, 그리고 옥수수까지. 우리가 만두소로 생각하는 일반적인 재료를 넘어선다. 만두 모양 또한 손으로 빚은 투박함이 살아 있다.

고수가 들어간 물만두를 먼저 맛본다. 만두피 속에서 고수가 적당히 익어 강한 향이 나지는 않는다. 다만 작은 물만두 속에 뜻밖의 소가 들어 있다는 사실이 미각을 흥분시킨다. 그런가 하면 새우육즙만두는 새우 한 마리가 통째로 들어간다. 새우 살의 탱글탱글한 질감과 돼지고기의 고소한 육즙을 같이 느낄 수 있다. 빙화만두는 우리말로 '눈꽃만두'라 표현할 수 있겠다. 팬 위에 만두를 올리고 전분 물을 부은 뒤 튀기듯 구워 그 바닥면을 눈꽃처럼 바삭바삭하게 만드는 요

리다. 센 불에서 수분을 날리듯 굽는 것이 관건. 10개의 만두를 둘러싼 전분 눈꽃을 파사삭파사삭 깨부수는 동안 손끝에 기대감이 부풀기 시작한다. 기름으로 익힌 바닥면은 입안에서 와자작 씹히고, 부드럽게 찐 윗면은 혀끝에서 녹아 없어진다. 반찬으로 나오는 고추장조림도 발군이다. 고추장, 된장, 다진고기를 넣어 만드는데 매운맛을 좋아한다면 꼭 먹어봐야 할 메뉴다. 푹 익혀 삭힌 듯이 부드러운 고추가 된장 양념과 함께 깊은 맛을 낸다. 하나 더. 주로 음식의 고명으로만 올라오던 고수는 이곳에서 김치가 됐다. 일명 고수뿌리김치는 실제로 하얼빈 지역에서 즐겨 먹는 음식이라 한다. 잎사귀와는 또 다른, 뿌리의 아삭한 맛이 혀끝에 오래 맴돈다.

부산에서 맛보는 중국식 아침식사
신발원

📍 부산 동구 대영로 243번길 62

📞 051-467-0711

📷 @offical_shinfayuen

🍴 만두, 고기만두, 더우장, 요우티아오

부산역에 내린다. 장장 네 시간의 기차여행, 간단하게나마 출출함을 달래고 싶어진다. 그럴 때면 언제나 만두 생각이 간절하다. 만두의 묵직한 육즙이 목구멍을 축일 때, 비로소 부산에 발 디딜 기운이 나기 때문이다. 역사를 빠져 나와 횡단보도를 한 번 건너면 '차이나타운'의 사인이 떡 하니 펼쳐진다. 4차원 세계의 입구를 막 통과한 이상한 나라의 폴이 되어, 홍등과 한자가 즐비한 부산 속 중국에 당도한다. 낯선 중문 간판 사이를 헤집거나 길을 잃지 않아도 된다. 다행히 우리가 찾는 가게는 골목 초입에 있다.

신발원新發園은 1950년대에 처음 문을 열었다. 6·25 전쟁통에 시작되어 지금까지 만두 몇 가지의 단출한 메뉴로 70년 세월 동안 사랑을 받아왔고, 여러 차례 TV 프로그램에 소개 된 까닭에 언제나 한 시간은 족히 줄을 서서 기다려야 간신히 들어갈 수 있다.

입장하자마자 더우장豆浆과 요우티아오油条를 먼저 주문한다. 이 둘은 중국인에게 가장 사랑 받는 아침 메뉴다. 미국 사람들이 시리얼에 우유를 먹듯, 중국은 콩 국물에 밀가루 튀

김을 푹 찍어 먹는다. 이곳 더우장은 콩국수 국물처럼 걸쭉하기보다, 맑고 미지근한 두유 같다. 요우티아오는 그 옆에 먹기 좋게 잘라 나온다. 원래는 바게트처럼 길고 추로스Churros처럼 공기층이 있는데 다 잘라져 나와 원래 모습을 볼 수 없어 살짝 아쉽다. 이 공기층은 더우장에 입수하는 순간 한껏 촉촉하고 부드러워진다. 한 입 베어 물면, 촉촉히 배어 있던 더우장이 혀에 착 달라 붙는다. 얼마나 고소하던지…!

새우교자는 한 판에 6개라기에 양이 적을까 걱정했지만, 주먹만 한 사이즈에 소가 꽉 차 있었다. 돼지고기와 새우 한 마리를 통째 썰어 넣은 소는 육즙의 풍미도, 씹는 재미도 일품이다. 다만, 무진장 뜨겁다. 구웠다기 보다 튀긴 것에 가까운 군만두도 빼어나다. 중국 군만두는 대부분 피가 푹신하고 부드럽지만, 이곳의 군만두는 선명하게 바삭! 소리를 낸다. 육즙은 샤오룽바오처럼 묵직하고 풍부하다.

소박하고 슴슴한, 진짜 중국 만두

편의방

📍 서울 서대문구 연희로 36

📞 02-363-5887

🍴 찐만두, 삼선만두, 탕수만두, 군만두, 삼치만두

젊은이들로 북적북적한 연남동 동진시장 골목을 지나 횡단보도를 건넌다. 이 도로를 경계로 행정구역은 연희동으로 바뀐다. 한성화교학교를 중심으로 중국 이민자 2세대들이 정착한 동네, 연희동은 서울의 이름난 중식당이 밀집한 지역이다. 그 연희동에서도 긴 줄이 늘어서는 가게가 있었으니 바로 편의방이다. 10평 남짓의 작은 규모였던 편의방은 알음알음 찾아오는 손님들 덕분에 순식간에 문전성시를 이루는 가게가 됐고, 몇 해 전 바로 옆 점포까지 공간을 늘려 지금까지도 성업 중이다. 다만 여느 이름 있는 식당들이 그렇듯 '만든 만큼 판다'는 정직한 원칙을 고수하는 통에 밥때를 지나면 원하는 메뉴는 이미 다 떨어졌을 확률이 높다.

짜장면과 오향장육 같은 보통의 중식당 메뉴도 판매하고는 있지만, 전면에 '수제만두 편의방'이라는 커다란 글자를 써넣은 만큼 만두를 대표 메뉴로 내세운다. 찐만두, 군만두, 그리고 물만두. 그 이름에서는 조금도 특별한 구석이 엿보이지 않는 메뉴들. 하지만 만드는 방식이 매우 독특하다. 우선 배추를 가득 썰어 넣어 자극적이지 않고 슴슴하다. 도톰하고 쫄깃한 피를 입안에서 터뜨리면 소가 아삭아삭 씹히고, 농밀하면서도 담백한 맛이 가득 퍼진다. 이는 중국 산둥 지역 만두의 특징이다. 늦은 밤 가게 앞을 지날 때면 테이블 위에 이튿날 낼 만두를 잔뜩 빚고 있는 풍경을 볼 수 있다. 먹는 속도보다 빠르게 빚어내는 이 매끈하고 앙증맞은 만두를 누군들 거부할 수 있을까?

아차, 놓쳐선 안 될 것이 하나 있다. 이곳에는 생선만두가 있다. 고기와 채소만을 만두소로 쓰는 한국 만두와 달리 삼치를 소로 넣는 것이 이채롭다. 비릿할까 걱정했던 것이 무색하게 생선의 고소함과 감칠맛만이 감돈다. 생각해보면 산둥지역은 한반도와는 서해를 사이에 두고 자리해 있으니, 그들에게도 삼치는 익숙한 재료일 것이었다.

우리는 이곳의 담음새를 사랑한다. 커다란 접시 위에 여백의 미를 살려 플레이팅하는 것도 좋지만, 오랜만에 찾아간 외할머니 댁에서 '우리 새끼, 많이 먹어라' 하며 수북이 담아낸 음식이 훨씬 먹음직스럽고 따뜻하게 느껴지지 않나? 이곳에서는 만두를 꼭 그런 모습으로 담아낸다. 포슬포슬하고 훈훈한 식탁 위의 풍경을 마주한다.

노천 식당의 50가지 즐거움

홍콩대패당

한 걸음 더

📍 서울 마포구 양화로23길 10-8 2층

📞 0507-1341-0930

📷 @lankwaifongseoul

🍴 바이치에지, 소고기덮밥과 추후소스

⭐

붉은빛의 바우히니아기*가 흩날리는 연두색 건물로 들어선다. 손님과 직원, 너나 할 것 없이 광둥어를 사용하는 데다 메뉴판엔 무려 50여 가지의 음식이 빼곡하게 적혀 있다. 낯선 언어, 색다른 향내가 가득한 이곳은 홍콩대패당香港大排檔. '대패당'이란 홍콩의 노천 식당인 다파이당大排檔을 한국식으로 읽은 것이다. 이름처럼 이 식당은 시끌시끌한 노천 식당의 메뉴를 그대로 복원한 공간이다. 우리가 을지로에서 가맥을 즐기듯, 홍콩 사람들은 다파이당에서 하루 일과의 마무리를 한다.

우선 바이체지白切鸡를 주문하기로 한다. 광둥 지방에서 흔하게 즐기는 요리 중 하나라는 직원의 추천을 받았다. '어?! 다 조리된 거 맞나?' 아무런 양념 없이 닭살이 도드라지게 노랗게 삶아져 온 요리를 처음 마주했을 땐 그저 망연자실했는데, 머지않아 민낯을 그대로 드러내듯 닭 본연의 고소하고 담백한 맛에 빠져들게 된다. 생강, 파, 소금으로 만든 오일 소스를 곁들이면 풍미는 한결 살아난다.

두 번째 요리는 소고기덮밥과 추후소스柱侯蘿蔔炆牛腩. 추후소스는 콩, 생강, 마늘, 참깨 등이 들어가는 소스다. 추후소스와 얹어 낸 소고기덮밥은 홍콩의 대표적인 가정식 요리다. 소고기 살코기와 도가니를 푹 삶았는데, 야들야들한 살코기에 추후 양념이 쏙 배어들어 젓가락이 닿는 순간 고기가 스르륵 무너진다. 끝으로 블랙빈조개볶음鼓椒炒蜆을 맛볼 차례. 입을 벌린 껍데기에 고인 소스와 조개 살을 빼먹는 재미가 쏠쏠하다. 조개 사이사이에 있는 검은 콩은 두시豆豉라고 하는 중국식 발효 검은 콩인데, 생각보다 짜지 않고 씹는 맛과 고유의 풍미가 훌륭하다.

아, 배는 부른데 마음이 아직 허전하다. 50가지 메뉴를 모두 정복하기 전까진 내내 그럴 것 같다.

---

* 바우히니아기 : 홍콩기旗. 바우히니아는 홍콩을 상징하는 꽃으로, 깃발 한가운데 그 문양이 그려져 있다.

궁극의 면을 찾아서

하나모코시

📍 서울 용산구 백범로87길 50-1
📞 070-7786-0888
📷 @hanamokoshi.seoul
🍜 토리소바, 마제멘

서울 용산구 원효로 1가.
인쇄소의 잉크 냄새와 기계
돌아가는 소음이 오랜 세월
고여 있던 작은 동네. 이곳에
혈기 왕성한 젊은 크리에이
터들이 삼삼오오 모여들어 섬과 같은 '미식 클러스터'를 이루
었고, '열정도'라는 이름으로 불렸다. 그리고 2018년 3월, 열
정도에 갓 오픈한 라멘집 하나가 라멘 애호가들 사이에서 화
제를 모았다. 하나모코시はなもこし. 대문에 걸린 종이 갓등
에 상호가 히라가나로 쓰여 있다. 하늘빛 철문을 지나 지름
2m 남짓의 작은 마당을 가로지른 뒤, 투박한 미닫이문을 열
고 들어선다. 오픈 키친이라 훤히 들여다보이는 조리대 앞엔
두 명의 요리사가 함께 일하고 있다. 손님으로 꽉 찬 식당 안
을 왕왕 울리는 건 오직 면 삶고 이따금씩 칼이 도마에 내리
꽂히는, ASMR에 가까운 소리일 뿐. 빈자리 없이 쭉 둘러
앉은 바 자리에는 단 2가지 메뉴만 번갈아 놓여 있다. 하나
는 얇은 면 위에 뽀얀 닭 육수를 부어 낸 토리소바鳥蕎麦고,
다른 하나는 발갛고 매콤한 고명을 얹은 일본식 비빔면 요리
마제멘まぜ麵이다.

소바는 메밀국수를 뜻하지만, 이곳의 소바는 밀가루로
제조하되 만듦새와 식감이 소바와 같아 그리 불린다. 큰 솥
에서 주욱 올려낸 면이 큰 그릇에 탁, 하고 내리쳐진다. 이때
면을 예쁘게 담는 건 사치다. 잘 삶은 면은 7시간 동안 푹 고

아낸 닭 육수(일본어로는 토리파이탄鷄白湯, 일반적으로 돼지 뼈와 닭 껍질을 오래 우려내어 만든다) 위로 미끄러지듯 흘러 들어간다. 시간을 지체하는 것은 얇디 얇은 토리소바 면의 차진 질감을 떨어뜨리는 일. 면이 삶긴 순간부터는 스피드가 관건이다. 우윳빛 국물과 면 위로 탱탱한 삶은 달걀과 죽순, 두부처럼 뽀얗고 야들야들한 닭고기 고명을 부채처럼 착착 얹는다. 먹어 치우는 것은 손님의 몫. 0.8mm의 얇은 소바를 국물과 잘 섞은 후, '면 치기'의 경쾌함을 만끽하며 후루룩 들이켠다. 야들야들한 면발이 다 풀어지기 전에 소바를 해치운 뒤, 느긋한 마음으로 고명을 맛봐야 옳다. 이내 국물만 덩그러니 남았다면, 특제 카에다마替え玉(국수사리, 혹은 공깃밥 추가)를 주문할 때다. 송로버섯 향과 진득한 닭 육수, 단단한 질감의 소바가 황홀한 조화를 이룬다.

매운 걸 좋아하는 사람이라면 마제멘을 시키지 않고는 못 배긴다. 만듦새는 퍽 심플하다. 면과 양념, 그게 전부다. 다만 양념의 존재감이 강력하다. 마라탕에 쓰이는 '화자오'를 함유한 된장소스가 들어가기 때문인데, 그 덕에 중식당에서 맛보았던 자작면의 향이 스치는 듯하다. 대만에서 일본 나고야로 넘어간 마제멘은 상륙하자마자 선풍적인 인기를 끌었다. 아마 접시를 꽉 채우는 화려한 고명 덕일 게다. 이곳의 마제멘은 소고기의 씹히는 맛과 은은한 매콤함으로 승부를 본다. 우동처럼 탱탱한 경쾌함을 장전한 면발은 비장의 무기다. 양념이 휘휘 잘 섞인 면을 크게 한 젓가락 떠 넣어 양 볼

이 빵빵해질 만큼 흡입하고 나면, 세상 부러울 게 없어진다. 혀에 척 감기는 알근함과 찰기가 더할 나위 없이 완벽하다. 여전히 헛헛하다면, 소보로고항そぼろご飯(잘게 썬 고기 고명을 올린 덮밥)을 추가 주문해도 좋다. 한 톨의 밥알까지 싹싹 긁어 먹은 뒤엔, 절로 흐뭇한 미소가 번진다.

카즈타카 시마즈

"라멘에는 정답이 없어요. 라멘의 세계는 깊고도 넓답니다." 이곳의 운영 원칙은 철저하다. 자가제면 방식으로, 오직 2가지 메뉴만 만든다. 하루에 총 150인분만 요리하고, 남은 시간엔 숙성 작업을 한다. 이유는 분명하다. 면 반죽이 매우 까다로운 작업이라서다. 반드시 연수를 사용해 반죽하고, 날마다 물의 양을 달리 맞춰야 하는데(반죽이 습도에 민감하기 때문이다) 소바처럼 얇디 얇은 0.8mm의 굵기를 유지하며 면을 제조하는 과정엔 만만한 구석이 하나도 없다. 사실 하나모코시는 후쿠오카에 위치한 멘도하나모코시로부터 상호를 땄다. 멘도하나모코시는 미쉐린의 지목을 2차례나 받은 곳으로 고작 6개의 좌석을 거느린 작은 가게지만, 돈코츠 라멘이 압도적으로 많은 후쿠오카에서 토리파이탄을 선보이며 남다른 저력을 떨치고 있다. 카즈 셰프는 멘도하나모코시의 셰프와 고교동창인데, 라멘을 제대로 배워 보겠다는 일념으로 친구의 수제자가 됐다. 카즈 셰프는 그를 지칭할 때면 언제나 '스승'이라 부른다.

+ 일식당의 커튼

노렌와케스루暖簾分け のれんわけ(노렌을 건네어 주다)'란, 스승이 제자에게 '분점을 내어준다'는 관용구다. 노렌のれん은 음식점 입구에 거는 커튼을 의미하는데, 이는 '영업 중'임을 알리는 표지로 쓰인다. 때문에 스승이 열심히 배운 수제자에게 노렌을 걸어준다는 것은 곧 개점을 허한다는 메시지다. 카즈 셰프도 언젠가 천승찬 수제자에게 노렌을 건네주고 싶다고 했다. 그가 멘도하나모코시의 셰프로부터 노렌을 받은 것처럼. 스승이 내어준 노렌은 제자의 든든한 버팀목이 된다. 노렌을 여닫으면서 스승으로부터 배운 기술과 마음가짐을 되새길 수 있기 때문이다.

바삭바삭, 텐동 한 그릇
텐동요츠야

📍 서울 관악구 관악로 14길 35 1층
📞 02-876-8802
🍴 텐동, 유자토마토

걸음을 재촉했다. 저녁마다 늘어선 긴 줄을 피하기 위해 서다. 오늘의 행선지는 샤로수길. 2호선 서울대입구역 1번 출구로 나와 300m 남짓 걸었을까, 텐동요츠야의 간판이 보이기 시작한다. 서두른 덕에 운 좋게도 음식이 만들어지는 모습을 제일 잘 볼 수 있는, 그래서 우리가 제일 좋아하는 주방 앞 바 테이블로 안내를 받았다. 식사를 하면서 주방을 훤히 들여다 본다는 것은 〈내셔널 지오그래픽〉을 감상하듯 황홀하고 흥분되는 일이다. 게다가 손님의 눈앞에서 조리하는 풍경을 그대로 내비친다는 건 곧 재료에 대한 자신감을 뜻한다. 그러니 바 테이블의 존재감은 식당에 대한 신뢰로 이어진다.

텐동天丼은 채소나 해산물에 튀김옷을 입혀 튀기는 일본식 튀김 덴푸라天ぷら와 덮밥을 뜻하는 돈부리丼의 글자를 따서 만든 합성어다. 따라서 텐동이란, 튀김을 큰 사발에 올려 덮밥으로 먹는 방식이다. 입수 준비를 하듯 일렬로 줄 맞추어 기다리던 신선한 재료가 순백의 튀김옷을 입고 하나씩 기름으로 퐁당 빠진다. 그러더니 이내 바삭바삭한 갈색 갑옷을 갈아입고 나온다. 바삭바삭한 질감이 눈으로 매만져지는데, 튀기는 동안 자잘한 공기 주머니가 생성돼 튀김의 결이 살아있기 때문이다. 이곳의 튀김은 종류도 다양하고 생각보다 하나하나 큼지막하다. 김, 꽈리고추, 가지, 연근, 단호박, 뱀장어, 새우, 전복 등이 그릇에 차근차근 담긴다.

이 많은 튀김이 어떻게 다 담기려나? 시선이 자연히 튀김이 담긴 사발에 꽂힌다. 튀김은 손바닥만 한 새우를 필두로 차곡차곡 안착한다. 크기가 큰 것부터 작은 것까지, 어느 새 수북하게 쌓인 튀김 위에 달큰한 쯔유를 쪼르륵 뿌려 낸다. 산더미처럼 가득한 튀김 옆에 작은 접시를 꽂는 것으로 완성. 아찔한 담음새다. 뜨끈한 밥에서 올라오는 김과 쯔유의 수분기 때문에 자칫 눅눅한 튀김이 될 수도 있건만, 바삭함은 여전하다. 이미 뿌려 낸 쯔유 덕에 간기 또한 완벽하다. 모든 재료의 식감을 충분히 느끼면서 하나씩 맛봤다. 크기가 작은 꽈리고추부터 시작해 손바닥만 한 뱀장어, 어느새 제일 밑에 깔려 있던 새우까지. 화수분처럼 마르지 않던 그릇이 바닥을 보인다. 모두 같은 튀김옷을 입었지만 재료 본연의 맛이 각자의 개성을 완연히 드러낸다.

참, 튀김과 함께 꽂혀 있던 작은 접시의 용도를 설명해야겠다. 시간이 지나도 바삭함이 살아 있는 튀김을 즐기려면 이 그릇에 튀김을 빼놓아야 한다. 튀김 아래 있던 밥에는 고소한 온센다마고(온천수로 삶은 달걀)를 넣고 밑바닥에 가라앉은 소스를 뒤집어 같이 섞어준다. 맛있게 지은 쌀밥과 신선한 달걀이 만나니 달콤한 디저트처럼 한없이 들어간다. 튀김의 압도적인 위용 앞에 밥은 뒷전이었으나, 같이 즐겼다면 분명 더 좋았을 것이다.

사이드 디시로 주문한 유자토마토는 껍질을 벗긴 토마토에 유자소스를 더한 샐러드로, 입안에 남은 기름기를 씻어준다. 토마토 껍질을 어찌 이리 곱게 벗겨낼 수 있을까. 잘익은 복숭아처럼 예뻐서 먹기 아까울 정도다. 아삭하고 새콤

한 유자토마토의 맛을 곱씹는다. 행복했던 저녁 여정을 갈무
리한다.

+ 덴푸라 이야기
덴푸라는 포르투갈이 나가사키항을 통해 처음 일본에 들어왔던 16세기부터
생겨난 식문화. 포르투갈에서는 고기를 금하고 채소와 해산물만 먹는 종교
적인 날에 허락됐던 음식으로, 시간을 뜻하는 포르투갈어 '템포라Tempora',
혹은 계절을 뜻하는 포르투갈어 '템페로Tempero' 라는 말에서 유래했다고
한다. 일본에 정착한 덴푸라는 에도시대에 이르러 강가에서 파는 길거리 음
식으로 널리 알려졌다. 오늘날 덴푸라의 형태가 바로 17세기 에도시대에 먹
던 '에도마에 덴푸라Edomae Tempura'다(에도Edo는 도쿄의 옛 이름, 마에
mae는 물가 앞이란 뜻이다).

기운생동, 창코나베의 맛

토키바야마

📍 서울 용산구 녹사평대로40다길 2
📞 02-797-1028
📷 @tokibayama_itaewon
🍴 창코나베, 모츠나베

스모는 천 년의 역사를 이어온 스포츠다. 건장한 사내들의 몸싸움을 지켜 보는 것도 흥미진진하지만, 오랜 세월 한 치의 변화 없이 지켜온 전통 또한 스모의 매력이라 하겠다. 스모에 대해서 잘 모르는 사람이더라도, 경기를 일단 한 번 보게 되면 누구든 이 행위에 깃든 전통과 명예를 느낄 수 있다. 하지만 고백하건대, 스모 선수를 떠올리면 가장 먼저 머릿속에 연상되는 건 마와시다. 마와시는 선수들이 허리에 착용하는 띠다. 그간 알아왔던 스포츠 스타들의 군살 없이 탄탄한 체구와는 달리, 거대한 지방형 몸매에 마와시를 두른 스모 선수들의 모습은 그저 놀라울 따름이었다.

스모 선수 이야기를 꺼낸 건 창코나베 때문이다. 창코나베는 복초이, 무, 버섯 같은 채소와 닭고기, 생선, 미트볼, 두부 등 단백질 함량 높은 재료들을 한데 넣고 다시 국물로 끓이는 푸짐한 스튜다. 그리하여 창코나베는 스모 선수들의 음식이다. 스모 선수들은 하루 2회의 식사로 총 4,000~10,000kcal에 달하는 섭취량을 달성한다. 묵직하고 기름진 식단일 거라 오해하기 쉽지만, 밥의 양을 늘려 몸을 만드는 것이지 오히려 메뉴 자체는 건강식에 가깝다. 창코나베처럼 말이다.

서울에서도 제대로 된 창코나베를 맛볼 수 있다. 심지어 주방장이 스모 선수 출신이다. 이태원 토키바야마時葉山의 오너 셰프 하루키 요시하루는 일본에서 아버지의 대를 이어 스모 선수로 활동했고, 은퇴 후 이 식당을 차렸다.

　'토키바야마'는 1960~70년대에 선수 활동을 했던 아버지의 예명이자 도쿄에서 운영 중인 식당의 상호다. 일본에서는 스모 선수들이 은퇴 후 선수 시절 썼던 예명을 내걸고 창코나베 식당을 하는 경우가 꽤나 많다고 한다. 스모 양성소에는 후배가 선배들의 끼니를 정성껏 준비하는 전통이 있는데, 하루키 요시하루 셰프 역시 단체생활에서 익힌 음식 솜씨로 지금의 토키바야마를 운영하고 있는 셈이다. 토키바야마의 곳곳에 그의 스모에 대한 열정이 묻어난다. 음식만큼이나 전통과 문화를 맛보는 일도 흥미롭다는 걸, 이곳에서 또 한 번 느낀다.

앙버터부터 야키소바빵까지

아오이토리

📍 서울특별시 마포구 와우산로29길 8
📞 02-333-0421
📷 @bakerycafeaoitori
🍴 야키소바빵, 앙버터, 메론빵

해외 여행을 하면서 허기를 달래야 할 때, 진입장벽이 비교적 낮은 먹거리가 바로 빵 아닐까. 빵은 언제나 실패할 확률이 낮으면서도 부담 없는 투자다. 일본 빵은 심지어 이런 두려움을 가질 필요도 없을 만큼 친숙한 것이 많다. 유럽은 단단한 하드롤이나 캉파뉴, 바게트와 같은 식사 빵이 위주로 이루어져 있다면, 일본 빵은 부드러운 밀가루의 포근한 질감을 잘 살린 빵이 많다. 진한 단맛보다는 은근한 달콤함이 또 다른 매력이다. 디저트와 식사 빵의 중간이랄까.

아오이토리青い鳥는 서울의 작은 일본 빵집으로, 주인장은 요코하마에서 나고 자란 고바야시 스스무다. 그는 2014년 아오이토리를 오픈한 이래 멜론빵, 야키소바빵, 앙버터 등을 차례로 흥행시키며 서교동 골목의 터줏대감이 됐다. 이곳에서 야키소바빵을 처음 봤던 기억이 난다. 일본에서는 편의점에서도 살 수 있을 정도로 야키소바빵이 널리 사랑 받는다고 한다. 국수를 그릇에 담아 먹어야 한다는 틀을 깬 발상이 참으로 기발하다. 핫도그 번처럼 길쭉한 빵이 소바 면을 제법 잘 잡아주니 신기할 따름이다. 생강피클의 새콤달콤, 알싸한 맛과 함께 야키소바의 맛이 그대로 살아 있는 것 또한 매력적이다.

팥앙금과 버터의 완벽한 결합으로 탄생한 앙버터와의 첫 만남은 또 어떠했던가. 그때만 해도 버터는 음식을 만드는 재료이거나, 녹인 뒤에 빵에 얇게 발라 먹는 줄만 알았다. 앙버터는 버터를 덩어리로 베어 먹을 수 있음을 알려준 음식이

다. 입안의 온도에 의해 녹아내린 버터가 달콤한 팥앙금의 고소함에 진하고 부드러운 맛을 더해준다. 서양식 재료와 동양식 재료의 과감한 조합이 일군 결과다.

일본은 카레나 돈가스, 나폴리탄*처럼 타국에서 들어온 먹거리를 일본의 것으로 현지화시키는 데 능하다. 아오이토리의 자매 식당이었던 아오이하나에서 일본식 이탈리안의 정수를 맛볼 수 있었는데, 지금은 운영을 중단한 상태. 언젠가 다시 한번 그 색다른 맛을 즐길 수 있기를 바라 본다.

---

* 나폴리탄Napolitan은 양파, 피망, 햄과 스파게티 면을 케첩으로 볶은 일본풍 파스타다. 요코하마에서 시작됐다.

정성스러운 가케우동 한 그릇

가미우동

📍 서울 마포구 홍익로2길 23
📞 02-322-3302
🍴 가케우동, 붓가케우동, 가라아게

주머니 가벼운 날, 우동만큼 든든하게 배를 채울 수 있는 음식이 또 있을까? 유독 출출해지는 버스터미널에서 우동 한 그릇 먹어 치운 기억은 누구에게나 있을 것이다. 한편, 굳이 노력하지 않아도 맛있게 조리할 수 있는 흔하디흔한 메뉴 또한 우동이다. 뜨거운 물에 면을 삶고, 뜨끈한 국물을 부어 고명을 얹어 내면 누구나 그럴싸하게 우동을 완성할 수 있다. 그러니 역설적으로 '누구나 다 아는 맛'을 요리해 성공하기란 쉽지 않은 일이다.

아오리토리 스스무 셰프의 추천으로 우연히 알게 된 가미우동은 5,000~6,000원으로 맛볼 수 있는 최고의 우동을 선보인다. 식당에 들어서면 거대한 반죽을 작두 같은 큰칼로 슥슥 잘라 면을 만드는 모습에 압도당한다. 정확한 굵기로 우동면을 자르는 셰프의 눈빛이 초롱초롱하다. 칼질이 끝나면 잘린 면을 가지런히 펼친다. 어느 하나 다른 모양 없이 일정하고 곱다. 이렇게 정성스러운 면이 어떤 맛을 낼까, 기대

하지 않을 수 없다.

이곳의 대표 우동은 가케우동이다. 국물에 우동 면을 넣어 먹는 가장 일반적인 형태다. 물론 국물에 들어가는 재료나 고명에 따라 그 맛이 좌우된다. 우리는 미역이 올라간 미역(와카메)우동을 시켰다. 그릇을 가득 메운 미역과 뜨거운 국물의 조화라니. 추운 겨울 30분을 밖에서 기다렸지만, 이토록 시원하고 개운한 국물 덕에 몸이 확 풀린다. 미역을 살짝 걷고 안에 있는 국수를 올리면 사이사이 미역이 따라 올라오는데, 우동의 탱탱함과 미역에 깃든 바다 내음을 함께 느낄 수 있다.

면발이 통통하다 못해 살아 있는 생물 같다. 이곳의 붓가케우동을 먹으면서 그런 생각을 했다. 자작한 국물 위에 뽀얀 우동 면, 다시 그 위에 튀김 부스러기(아게다마), 쪽파, 참깨, 무가 올라간 영롱한 자태를 본다. 젓가락으로 면을 들어 올리

면, 거의 1m 넘게 딸려올 기세다. 길고도 탱글탱글한 면발이 씹는 즐거움을 증폭시킨다. 허기가 가시지 않았다면, 가라아게에 치쿠와에 맥주를 곁들여도 좋겠다. 작지만 확실한 호사가 필요한 날이라면, 가미우동은 그 답이 되어줄 것이다.

Vietnam
Thailand
Indonesia
Malaysia
Singapore
Laos
Myanmar

동남아시아 7개국 일주

베트남
태국
인도네시아
말레이시아
싱가포르
라오스
미얀마

손수 구운 바게트로 만든 진짜 반미

63프로방스

📍 **1호점** 서울 서대문구 이화여대5길 15
2호점 서울 중구 청파로 443

📞 **1호점** 0507-1405-8463 **2호점** 070-7543-8463

📷 @63prov 🍴 반미, 카페 쓰어다, 요거트

서울 지하철 2호선 이대역에서 이화여대 정문으로 이어진 완만한 언덕바지에는 자그마한 상점과 카페, 식당이 빼곡하게 들어서 있다. 베트남 식당 63프로방스도 그들 중 하나다. 2016년 8월 처음 문을 연 이곳은 진짜배기 반미를 선보이는 흔치 않은 곳이다. 한국에 온 지 15년 차를 맞았던 누웬 튀 미느 대표는 고향의 반미를 그리워하다가 손수 만들어보기로 결심했다. 베트남 현지에서 다니던 회사에서 만난 한국인 동료 최승재 공동대표를 만나 조촐한 식당을 차렸고, 고향의 맛을 제대로 표현하고자 다시 베트남을 찾았다. 그의 요리 선생님은 고향인 빈딘Bình Định 지역에서 '껌바쪽'이라는 유명한 식당을 하시는 어머니. 그로부터 손맛이 듬뿍 깃든 요리들을 전수 받았다. 반미에 쓸 바게트는 동네에서 반미 바게트만 전문으로 굽는 사람을 찾아가 3개월을 수련하며 비법을 배웠다.

63프로방스에서 반미는 정해진 수량만 판매한다. 바게트는 시간이 지나면 질겨지고 거칠어지므로 오전과 오후, 하루에 두 번 바게트를 구워 신선한 반미를 만든다. 빵 굽는 구수한 냄새를 맡으며 먹는 반미는 훨씬 더 고소하게 느껴진다. 베트남 유학생들이 이곳을 찾아 향수에 젖곤 한다고. 남다른 맛의 비결은 바로 파테다. 프랑스 음식인 푸아그라의 영향을 받은 까닭에 파테는 현재 베트남의 주요 음식 중 하나로 자리잡았다. 다른 재료와 같이 먹기도 하지만 파테만을 넣어 반미를 먹기도 한다. 돼지의 간을 갈아 크림과 같은 제형으로 곱게 만든 파테를 반미에 넣어 먹으면 한층 더 고소한 맛을 즐길 수 있다. 처음 파테를 접하는 사람들은 익숙하지 않을 수도 있지만, 한국에서도 돼지 간은 순대와 흔히 곁들이는 부속 메뉴 아니던가. 어느 나라보다 내장 요리를 즐겨온 민족으로서 용감하게 시도해 볼 만하다. 만드는 데 손이 많이 가는 만큼 파테를 넣는 반미 식당은 귀하디귀하다.

반미와 잘 어울리는 음료, 카페 쓰어다를 놓치면 안 된다. 베트남에서 공수해온 알루미늄 커피 필터에 인내심을 다해 3~5분 정도 기다리면 에스프레소 같은 진한 커피가 추출된다. 거기에 달콤한 연유와 얼음을 넣으면 구수하면서 달콤한 베트남식 연유커피가 된다. 식사 후엔 디저트로 얼린 수제 요거트를 꼭 먹어 볼 것. 작은 비닐에 넣어 어린이 주먹만 한 사이즈로 얼려 나온다. 요거트 비닐 모서리를 입으로 뜯어 쭉쭉 빨아먹는데, 어릴 적 쭈쭈바를 먹던 추억에 젖어든다.

인심 좋은 반미 식당

사이공리

📍 1호점 서울 동작구 장승배기로17길 1
2호점 서울 동작구 현충로 52
📞 1호점 02-822-1763 2호점 02-815-1763
📷 @saigon_lee
🍴 반미, 퍼

반미의 진수를 경험할 수 있는 곳을 꼽으라면 사이공리 Saigon Lee를 빼놓을 순 없다. 사이공리의 당 트엉 띤 대표를 처음 만난 건 서울 노량진 시장 골목 끝의 작은 식당에서였다. 7명 남짓 간신히 앉을 법한 비좁은 공간에서 소녀처럼 말간 그가 여러 가지 음식을 혼자서 뚝딱뚝딱 만들던 모습을 봤다. 베트남에서 한국인 배우자를 만나 결혼하면서 한국에 오게 된 그는 고향에 대한 그리움으로 음식점을 해보겠다는 당찬 의지를 길러왔고, 끝내 2017년도 3월 사이공리를 오픈했다. 찾아오기 힘든 위치임에도 베트남 음식 좋아하는 사람들 사이에서 입소문을 탔고, 가게는 날마다 문전성시를 이뤘다. 결국 2018년 1월 장승배기역 근처 조금 넓은 곳으로 가게를 확장했는데, 다행히 반미에 담긴 인심은 여전히 넉넉하다. 고기와 채소가 가득해 채 다물어지지 않는 반미를 보면 그 정성이 충분히 느껴진다.

당 트엉 띤 대표는 언제나 "반미엔 내 마음이 들어간다"고 한다. 이곳의 바게트는 쌀가루를 넣어 특별 주문한 것만을 공수해 사용한다. 빵이 부드러운 편이라 한입에 모든 재료가 쏙 들어가게 베어 물 수 있는 것이 이곳 반미의 매력. 본래 반미는 프랑스 식민지 시절 베트남 사람들이 바게트를 변형해 만든 음식으로, 그들만의 재료와 소스를 채워가며 독자적인 문화를 이룬 결과물 아니던가. 베트남을 제대로 경험해보고 싶다면, 뭘 빼거나 넣지 말고 그들이 제안하는 모든 재료를 온전히 즐겨 보아도 좋겠다.

레몬그라스 향의 추억

까폼

📍 서울 강남구 선릉로 153길 18, B1
📞 0507-1411-7318
📷 @krap_pom
🍴 만까이텃, 카오카무, 똠얌남콘

더 이상 한국에서 태국 음식을 맛본다는 게 그리 새로운 일은 아니지만, 대중화가 된 만큼 옥석을 가리기도 더 까다로워졌다. 그러다 압구정 로데오 거리에서 뜻하지 않게 진짜 태국 음식을 만나게 됐다. 그 이름은 까폼Krap Pom. 영어식으로 표현하면 'Yes, Sir'와 같은 뜻이다. 지역이 지역이니만큼 세련되고 모던한 분위기일 거라 짐작했으나, 벽면에 커다랗게 그려 놓은 자유분방한 노점 풍경을 바라보고 있자면 금세 방콕 어느 골목 뒤꼍으로 순간이동한 듯한 기분이 든다.

테이블에 앉고 나면 판단 티pandan tea를 내어준다. 태국 여행의 기억을 불러일으키는 판단 티는 방콕의 고급스러운 호텔이나 마사지숍에서 흔히 맛볼 수 있는 웰컴 드링크다. 향이 강하지 않고 고소하면서 은은한 단맛이 있어 향신료가 강한 태국 음식과 잘 어울린다. 뒤이어 나온 닭 껍질 튀김, 만까이텃man gai tod과도 궁합이 좋다. 바삭바삭한 튀김 옷이 씹는 즐거움을 제대로 만끽하게 한다. 족발 위에 푹 끓인 고기 육수로 그레이비 소스를 만들어 올린 카오카무khao kha moo도 빼놓을 수 없는 메뉴. 탱탱하고 쫄깃한 한국의 족발과 달리 부드럽고 촉촉한 고기 맛이 일품이다. 코코넛밀크에 칠리페이스트를 넣어 맛을 낸 똠얌남콘thom yam nam khon은 다분히 '포차'스러운 이곳 분위기와 꼭 맞는 국물 요리다. 레몬그라스의 산뜻한 향미와 코코넛 밀크의 부드러운 질감, 그리고 알근한 향신료의 자극이 황홀하다. 입안 가득 태국의 향미를 우물거려본다.

이싼 요리를 맛볼 시간

팟카파우

📍 서울 용산구 신흥로 97-6, 2층
📞 070-8880-2521
📷 @padkapaw_thai_restaurant
🍴 까이양, 쏨땀

태국 북부 코랏분지에는 고유의 문화와 전통을 이어온 이싼Isan 지역이 있다. 라오스와 미얀마의 국경과 맞닿은 지역이라 다양한 문화가 공존하고 있고, 다소 척박한 토양을 거느리고 있어 제한적인 재료와 그에 맞는 조리법을 발전시킨 고유의 음식 문화로 유명하다. 우리에게도 익숙한 그린 파파야 샐러드인 솜땀, 그리고 구운 치킨 요리인 까이양 등이 대표적인 이싼 요리. 복닥복닥한 해방촌 신흥시장 한가운데 자리한 태국 식당 팟카파우Pad Ka Paw에 가면 이싼풍의 요리를 맛볼 수 있다.

오너 셰프 스리프라팁 파우Sriprateep Paw는 본래 강남역 근방에서 만타이Mann Thai라는 레스토랑을 운영하다가 근거지를 이곳으로 옮기고, 주변 분위기와 꼭 어울리는 캐주얼하고 자유분방한 공간을 꾸렸다. 그는 이싼의 대표적인 지역인 우돈타니 주에서 나고 자랐다. 그래선지 팟카파우의 음식엔 이싼 지역의 풍미가 느껴진다. 파우 셰프의 관심사는 태국 요리에서 쓰이는 5가지 맛, 그러니까 매운맛, 달콤한 맛, 짠맛, 신맛, 그리고 쓴맛의 비율을 어떻게 조율하느냐다. 메뉴에는 없지만 맛보고 싶은 태국 음식이 있다면 미리 파우 셰프에게 예약하면 된다. 팟카파우식으로 해석한 최선의 요리를 맛볼 수 있을 것이다.

세계가 인정한 렌당의 맛
와룽마칸보로부둘

📍 서울 금천구 벚꽃로 278 SJ테크노빌 B156-3호

📞 02-868-3702

🍴 나시고렝, 사테, 렌당

약 17,000개의 섬 중 6,000여 곳의 유인도에 약 600개 민족이 700여 가지 언어*를 사용하며 살아가는 나라, 바로 인도네시아다. 문화 다양성의 기준으로 국가를 나열한다면 다섯 손가락 안에 꼽힐 만큼 다민족, 다문화, 다언어가 공존하는 땅. 한반도에 사는 사람으로서는 이 나라의 풍경이 그저 신기할 따름이다. 언젠가 인도네시아 문화를 접해보리라 생각만 하고 있던 차, 우연히 이곳을 알게 되어 얼마나 반가웠는지 모른다. 한국 속 인도네시아인들의 아지트, 와룽마칸 보로부둘.

어느 주말 느지막한 점심, 식당에 모인 손님들을 살펴보니 과연 모두 인도네시아 사람이다. 주말과 공휴일에만 문을 여는 운영 방침은 고객의 생활 양식을 염두에 둔 결과다(평일에는 일터에 있을 근로자들을 배려한 듯하다). 레스토랑 안에서는 갖가지 식재료와 커피, 그리고 과자 등을 놓고 판매하는데, 누구든 들러 손쉽게 인도네시아 음식을 쇼핑할 수 있도록 마련했다. 한국에선 보기 힘든 생선들도 냉장고 안에 가득하다. 이런 공간의 주인장들은 흔히 "외국인(식당 주인 입장에서 한국인이 외국인이다)이 와서 음식을 시키면 그들 입맛에 맞춰 줄 때가 있다"고 얘기하지만, 이곳은 올곧게 자신의 맛을 그대로 펼쳐 보인다. 기대를 안고 인도네시아식 볶음밥인 나시고

---

* 표준어는 바하사 인도네시아Bahasa Indonesia. 한국에서는 '말레이인도네시아어'라고 통칭한다.

렝nasi goreng과 꼬치구이인 사테 sate, 그리고 인도네시아식 갈비찜인 렌당rendang을 주문하기로 했다. 다행히 메뉴판에는 사진과 함께 영문이 병기되어 있었다.

우선 나시고렝부터 맛본다. 이미 세계화된 음식이라 지구 어디서든 팔리는 나시고렝이라지만, 여기서는 '진짜'를 만날 수 있다. 나시고렝의 나시nasi는 밥, 고렝goreng은 볶거나 튀기는 것을 뜻하므로 우리 식으로 직역하면 '볶음밥'이다(비슷한 이름을 가진 메뉴 미고렝mi goreng은 볶음면을 뜻한다). 중국의 영향으로 간장 기반의 소스를 넣어 밥을 볶아내는데, 우리 민족이 거부할 수 없는 '단짠'의 매력을 지녔다. 특히 이곳의 나시고렝은 특제 소스와 불맛의 조화가 강렬한 풍미를 자아낸다.

그런가 하면 렌당은 'CNN이 선정한 세계 최고의 음식'으로 이름이 높다. 지구상에서 가장 맛있는 음식으로 렌당이 주목 받자 세계인의 시선은 인도네시아 음식에 꽂히기 시작했다. 렌당이란 소고기를 4~5시간 정도 푹 끓여 만든 찜 요리로, 코코넛 밀크를 넣어 살코기를 연화시키는 것이 관건이다. 밥과 삼발sambal(칠리, 마늘 등 매콤한 향신료를 갈아 만든 인도네시아 전통 양념) 소스를 곁들여 먹는데, 이곳에선 직접 고추와 바왕메라bawang merah(인도네시아어로 샬롯을 뜻한다)를 넣어 만든다. 특히 이곳에선 삼발에 젓갈을 더해 깊은 맛을 낸 삼발 뜨라시sambal terasi도 맛볼 수 있다. 단골손님들에게 '삼발 맛집'으로 통하는 까닭이다. 한국에서도 장맛 좋은 집이 음식 잘하는 집

으로 통하는 걸 보면, 소스야말로 만국 공통의 음식 언어라는 생각이 든다.

+ 맛있는 인도네시아어 배우기

와룽Warung - 가족들이 운영하는 작은 카페나 식당을 뜻하는 인도네시아어.

마칸Makan - '먹다'라는 뜻의 인도네시아어. 명사로는 아침식사Makan pagi, 점심Makan Siang, 저녁식사Makan Malam와 같이 쓰인다.

보로부두Borobodur - 인도네시아 자바 섬에 자리한 불교 사원. 유네스코 세계문화유산으로 지정됐다.

뇨냐 요리를 아시나요

아각아각

📍 서울 마포구 동교로25길 57
📞 02-336-0402
📷 @agakagakseoul
🍴 뇨냐락사, 카리퍼프

'페라나칸Peranakan'. 말레이시아 문화권을 상징하는 표현이다. 페낭, 말라카, 싱가포르 등지에 정착한 중국인인 남성과 현지인 여성 사이에서 태어난 이들을 일컫는 말로, 딸은 '뇨냐Nyonya', 아들은 '바바Baba'라 불린다. 이 지역의

음식은 흔히 페라나칸, 혹은 뇨냐 요리라 일컫는데, 대표적인 음식이 생선이나 닭 육수에 면을 말아 먹는 락사Laksa다. 종류는 크게 두 가지다. 새콤한 맛이 강조된 페낭Penang 지역의 아삼락사Assam Laksa와 코코넛 밀크의 고소함이 특징인 뇨냐락사Nyonya Laksa다.

서울에서 뇨냐락사를 제대로 맛볼 수 있는 곳이 있다기에 눈이 번쩍 뜨였다. 유럽에서 요리를 공부하며 자신을 '유목민'적이라 표현하는 바시라Basira 셰프가 이번엔 뇨냐 요리를 선보이겠다고 팔을 걷어붙인 것. 이름하여 아각아각Agak Agak. 우리말로 하면 '대충대충', '슬렁슬렁' 정도의 뜻을 지닌 단어다. 바시라 셰프의 설명에 따르면, 뇨냐락사는 해산물로 국물을 내 프랑스의 부야베스bouillabaisse(어패류 요리)와 비슷하다. 오동통한 쌀국수 면에 코코넛 밀크로 진한 국물 맛을 더하고, 닭고기와 새우를 넣어 묵직함을 더한다. 여기에 새콤하면서도 매콤한 향신료를 더해 고유의 맛을 완성한다. 16

가지 재료를 투하해 한 그릇으로 거듭난 락사는 마치 다민족 국가인 말레이시아를 은유적으로 표현하는 것 같다.

락사만 맛보기엔 아쉽다면 말레이시아식 만두 카리퍼프 Karipap를 주문해 볼 것. 인도에 사모사가 있다면 말레이시아에는 카리퍼프가 있다. 닭고기와 카레를 버무린 소를 전병처럼 얇고 바삭하게 튀겨낸 피로 감쌌다. 주문이 들어온 후 바로 튀겨내기 때문에 소가 뜨겁지만, 호빵 먹듯 호호 불어 가며 베어 먹는 즐거움이 쏠쏠하다.

잇쎈틱은 아각아각과 함께 말레이시아 독립기념일을 맞이해 소셜다이닝을 진행하기도 했다. 말레이시아 관광청과 말레이시아 대사, 그리고 말레이시아의 대학생 댄스팀이 자리해 흥겨운 말레이시아식 축제를 경험했다. 지금의 아각아각은 말레이시아 정통 요리만을 주로 선보이지만, 앞으로는 말레이시아의 재료로 창의적인 요리를 선보일 예정이라고 한다. 아각아각 같은 보물을 발견할 때마다 힘이 나고, 또 흥이 난다.

카야토스트에 코피 한 잔

디저트 머라이언

📍 서울 마포구 와우산로27길 75, 2층
📷 @dessert_merlion
🍴 카야토스트, 코피, 포멜로빙수

서울 지하철 홍대입구역 9번 출구 앞의 번잡한 거리를 지나 서교초등학교 뒤꼍 골목으로 접어든다. 한 블록만 들어서면 붉은 간판 하나가 걸려 있는 모습이 보인다. 자세히 보면 이렇게 쓰여 있다. '디저트 머라이언, 싱가포르인 켄 씨가 운영하는 싱가포르 디저트'. 멀라이언Merlion이란 사자의 얼굴에 물고기와 같은 하반신을 가진 상상의 동물로, 싱가포르를 상징하는 아이콘이다. 싱가포르에 가본 적 없는 사람이라도 미끈한 마리나베이샌즈Marina Bay Sands 빌딩과, 그를 마주한 광장에서 물을 뿜는 멀라이언 동상의 모습은 눈에 익을 것이다. 멀라이언을 상호로 내건 이곳은 한국인 주인장 김유와 싱가포르에서 날아온 셰프 켄응Ken Ng이 이끄는 싱가포르 디저트 가게다. 익히 알려진 대로 싱가포르는 1965년 말레이시아로부터 독립한 도시국가다. 말레이시아 음식을 근간으로 중국과 인도의 이민자들이 뒤섞여 싱가포르만의 독특한 식문화를 꽃피웠다.

길거리 음식의 천국인 싱가포르에서도 가장 대표적인 음식을 꼽으라면 카야토스트kaya toast와 싱가포르식 커피인 코피kopi를 곁들인 아침 식사가 아닐까? 디저트 머라이언은 싱가포르보다 더 싱가포르다운 카야토스트와 코피를 선보인다. 물론 탱글탱글한 반숙 달걀과 간장 소스도 함께다. 자그마한 수프 볼에 담긴 반숙 달걀. 살짝 건드리자 파르르 떨리는 흰자가 안간힘을 쓰듯 노른자를 감싼다. 그 위에 간장 소스를 살짝 붓고 후추를 뿌려 간을 맞추고, 숟가락으로 살짝 터뜨려 한 입 삼킨다. 흰자는 아직 열기를 품고 있고, 노른자는 차가운 듯 신선하다.

초록색 꽃무늬가 그려진 고풍스러운 잔에 담긴 코피를 맛볼 차례다. 고소하면서도 쌉싸래한 향기가 이미 자리를 한가득 메운다. 이 음료는 우리가 일상적으로 즐기는 커피와는 다소 차이가 있다. 코피는 싱가포르 호키엔어Hokkien(중국 푸젠성에서 내려온 민족이 쓰는 언어. 민남어라고도 불린다)로 커피를 뜻한다. 싱가포르 전통 방식 그대로 코피 삭kopi sock이라 불리는 잠자리채 모양의 융 필터를 이용해 한 잔씩 내리는 것이 특징이다. 한 번 내린 커피는 이쪽 컵에서 저쪽 컵으로 여러 번 융 필터를 통과한다. 켄 셰프는 온 신경을 곤두세우고 한 손을 높이 들어 조심스레 커피를 낙하시킨다.

아, 황금빛으로 구워낸 토스트 냄새에 웃음이 난다. 아침에 맡는 토스트 냄새는 여행 중 즐겼던 호텔 조식의 추억을 소환하곤 하는데, 이곳의 카야토스트와 커피를 마주하고 나니 싱가포르로 순간이동한 듯한 기분이다. 두툼하게 발린 버터와 손수 만든 카야잼도 절로 군침이 돌게 만든다. 코코넛 밀크와 달걀, 설탕으로 이뤄진 카야잼은 말레이시아계 문화권에서 사랑 받는 달다구리다. 이곳에서는 켄 셰프가 손수 만드는데, 그만의 황금 비율과 특별한 레시피를 적용한다고 한다(그래서인지 현지에서 먹었던 카야잼보다 훨씬 풍미가 두드러진다). 카야토스트 끄트머리에 반숙 달걀을 살짝 찍어 먹으면 그야말로 천국의 맛이다.

싱가포르에서는 어떤 방법으로 더위를 피할까? 연중 고온다습한 열대 기후를 버텨야 하는 그네들의 피서법도 우리의 '이열치열' 원리를 크게 벗어나지 않는다. 이를테면 뜨끈한 생강차 한 잔으로 더위에 지친 속을 달래는 것이다. 생강차는 중국 문화가 깊게 침윤한 싱가포르에서도 즐겨 마시는 음료로 동지 팥죽의 새알처럼 생긴 쫀득한 찹쌀떡을 동동 띄워 먹는 게 우리와는 다른 점이다. 뜨겁게 달인 생강차와 떡을 한 김 식힌 후에 스푼으로 훌훌 떠서 즐기는데, 떡 안에는 흔히 흑임자나 땅콩 소가 들어 있다. 입안에서 몽글몽글 녹은 떡이 톡 터지면 고소하고 달콤한 소가 입안 가득 배어든다. 달콤한 떡과 알싸한 생강의 향내가 근사한 조화를 이룬다.

물론 뜨거운 음식만으로 더위를 견디긴 힘들 테다. 그럴

땐 포멜로빙수를 먹는다. 포멜로Pomelo는 자몽과 비슷한 맛과 생김새를 지닌 열대 과일이다. 디저트 머라이언에서는 우리나라에서 구하기 힘든 포멜로 대신 자몽을 사용해서 맛을 낸다. 잘게 간 얼음에 망고와 자몽 과육, 그리고 사고sago를 한데 담아 내면 완성. 참고로 새고는 휴대전화의 카메라 렌즈만큼 자그마한 타피오카 알갱이다. 싱가포르에서는 큰 잔치나 모임이 있을 때 포멜로빙수를 즐겨 먹는다고 한다. 당신도 좋은 사람들과 멋진 시간을 보내고 싶을 때, 디저트 머라이언의 포멜로빙수와 함께 해 보면 어떨까.

+ 싱가포르 사람처럼 코피 즐기기

싱가포르에서는 코피에 일반 우유보다는 연유를 많이 사용한다. 커피에 설탕과 연유를 넣는 방식에 따라 부르는 이름이 다르다.

코피 씨Kopi-C: 커피 + 크림 + 설탕

코피 카 씨Kopi-kah-C: 연유 + 크림 + 커피

코피 오Kopi-o: 설탕이 들어간 블랙커피

코피 코송Kopi-kosong: 설탕도 크림도 없는, 따뜻한 순수 블랙커피

코피 펭Kopi peng: 커피+ 연유 혹은 크림 + 얼음

코피 오 펭Kopi-o peng: 커피 + 설탕 + 얼음

코피 오 코송 펭Kopi-o-kosong peng: 커피+ 얼음 (설탕과 크림 없음)

라오스에는 까오삐약이 있다
라오삐약

📍 1호점 서울 마포구 희우정로10길 5
　　2호점 서울 용산구 한강대로46길 16
📞 1호점 02-322-7735 2호점 02-749-3008
📷 @laopiak

'라오스' 하면 무라카미 하루키의 여행 수필집 《라오스에 대체 뭐가 있는데요?》가 절로 떠오른다. 하루키는 라오스에서의 여행을 추억하며 그곳에만 존재하는 독특한 풍광과 감각을 되새긴다. 하루키를 비롯해 라오스를 다녀온 여러 사람들의 증언에 따르면, 그곳은 '뭐가 있어서' 떠나는 여행지완 확실히 거리가 멀다. 공식 명칭은 라오스인민민주공화국. 미얀마, 태국, 베트남, 그리고 중국에 둘러싸인 내륙 국가라 주변국의 영향을 많이 받았지만, 고유의 개성과 문화가 또렷하다. '생애 한 번은 승려가 되어봐야 한다'는 말이 있을 만큼 독실한 불교국가이기도 하다. 라오스만의 매력을 즉각적으로 느낄 수 있는 방법은 바로 식사다. 낯설지만, 음미해보면 결코 낯설지 않은 맛.

망원동의 주택가 한편에 자리한 라오삐약Lao Piak의 입구에 서면 공기부터 달라지는 느낌이다. 골목 어귀에서부터 코코넛 나무 장식과 색색의 조명이 눈에 띄는, 존재감 넘치는 이 공간은 미국 유학 시절 단짝이었던 원성훈, 정효열 오너 셰프가 운영하는 작은 라오스 음식점이다. 한국으로 돌아와 제각기 PD와 아나운서가 되어 치열한 20대를 보낸 두 여인은 어느 날 훌쩍 머리를 식힐 겸 라오스로 휴가를 떠났고, 그곳에서 운명처럼 까오삐약khao piak

을 만났다.

라오삐약의 대표 메뉴이기도 한 까오삐약은 라오스식 쌀국수다. 우리에게 익숙한 쌀국수인 베트남식 퍼pho가 찰기 없는 쌀면으로 이뤄진 데 비해, 까오삐약의 면은 쫄면처럼 탱글탱글하고 우동처럼 통통하다. 닭고기와 돼지고기로 푹 우려낸 육수는 또 얼마나 구수한지. 두 젊은이는 이 맛에 푹 빠져 라오스 현지의 식당을 전전했고, 비법을 전수 받아 끝내 식당까지 열었다. 라오삐약의 까오삐약은 본래 건면이었다. 하지만 친히 이곳을 방문한 라오스 대사 부인이 자신만의 특별 레시피를 귀띔했고, 덕분에 지금의 완성도 높은 생면이 탄생하게 됐다. 비 오는 날이면 조건반사적으로 이곳의 시원한 닭고기 육수와 토실토실한 살코기 건더기, 쫄깃한 쌀면의 촉감이 떠오르곤 한다. 돼지고기 국수인 까오소이khao

soi의 감칠맛 또한….

찜과 국수로 표현되는 도가니 요리 또한 까오삐약과 함께 이곳의 기둥을 이루는 메뉴다. 라오스의 수도 비엔티안 Vientiane에는 도가니 요리로 이름난 식당이 하나 있다. 돼지나 닭에 비하면 소고기는 라오스에서 존재감이 미미한 편인데, 라오삐약은 비엔티안 최고의 도가니 레스토랑에서 비법을 구했다. 매운맛을 좋아하는 라오스 사람들은 여기에 매운 고추 소스를 곁들여서도 먹는다. 라오삐약에서는 이 소스도 직접 만든다. 고추씨에서 고소함이 배어 나와 맵지만 깊은 맛을 낸다. 일단 한번 맛보면 홀린 듯 "이거 사갈 수 있나요?" 하고 물어보게 된다.

지금까지 소개한 음식이 낯선 듯 익숙했다면, 이제부터 펼칠 메뉴는 익숙한 듯 낯선 음식들이다. 바로 찹쌀밥, 랍

larb, 그리고 땀막홍Tum Mak Hoong이다. 이들을 한 번이라도 먹어 봤다면 적어도 동남아 음식의 초보 딱지는 뗀 셈이다. 본래 이 메뉴들은 태국 북부 이싼 지방의 음식으로 보다 널리 알려져 있다. 사실 이싼 지방은 라오Lao 부족이 모여 살던 고장으로 과거에는 라오스의 영토였다. 오늘날 태국으로 편입된 후 식문화 또한 태국식으로 알려지게 된 것이다. 라오스는 여느 동남아시아 문화권에서 안남미를 주식으로 하는 것과 달리 찹쌀을 주로 먹는다. 식사를 할 때는 찹쌀밥을 담은 바구니를 식탁 위에 올려 두고 조금씩 덜어 먹는다. 국물은 숟가락, 국수는 젓가락, 찹쌀은 보통 손으로 조물조물 뭉쳐가며 먹는다. 손으로 먹어야 하기 때문에 뜨거운 밥이 아니라 미지근한 온도로 내는 것이 보통이다. 현지에서는 찹쌀밥 바구니를 닫아 '식사 종료'를 알리므로 밥이 식을까 걱정하여 뚜껑을 닫거나 하면 치워갈수도 있다고 한다.

찹쌀밥에 한데 얹어 나오는 랍은 잘게 다진 돼지고기와 허브, 그리고 쌀을 볶아 만드는 샐러드다. 안남미와 달리 찹쌀은 씹을수록 찰기가 더해지고 단맛이 올라온다. 고소한 돼지고기 냄새에 민트와 바질의 향, 그리고 빠덱Padaek*의 고릿한 맛이 뒤섞이니 그 강렬한 풍미에 여운이 오래 남는다.

태국음식을 좋아하는 사람이라면 피쉬소스의 고릿한 향과 새콤함이 가득한 쏨땀을 한 번쯤 먹어봤을 것이다. 파파야 샐러드인 땀막홍은 라오스에서 '땀쏨'이라 불리기도 한다(태국에서는 '쏨땀'). 라오삐약에서는 옥수수를 넣어 씹는 맛을 다채롭게 변주한 땀무아Thum Mua(땀Thum은 '빻다', 무아Mua는 '여러 가지'를 뜻한다)를 선보인다. 역시 빠덱이 들어가 젓갈처럼 짭조름한 맛이 두드러지지만, 싱싱한 파파야와 향신료를 으깨어 넣으니 아삭하고 시원한 맛이 일품이다. 라오비어 한잔이 절로 생각나는 요리랄까.

망원동의 소박한 식당으로 출발한 라오삐약은 이제 신용산역 부근에 2호점을 열고 내추럴 와인과 라오스 음식을 페어링하는 다이닝 공간으로 꾸려나가고 있다. 두 주인장의 과감한 여행이 없었다면 이처럼 가까이 라오스를 느낄 수 없었을 것이다. 더 이상 우리에게 라오스, 그리고 라오스 음식은 미지의 영역이 아니다.

---

* 빠덱Padaek은 라오스의 전통 피시소스다. 내륙이라 바다는 없지만, 메콩강에서 잡은 생선을 절이고 발효시켜 만든다. 어떤 라오스 음식에든 넣을 수 있는 만능 소스.

부산의 작은 미얀마

미얀마타지

📍 부산 중구 대영로 242번길 4-1, 2층

📞 051-466-1792

🍴 왓나웻또우(고기 볶음), 카욱쁘윈트또우(백목이버섯 샐러드),
　 따민 또우(밥 샐러드)

미얀마는 북동쪽으로 중국 윈난성, 남동쪽으로 태국 북부, 서북쪽으로 인도 북동부와 국경을 맞댄 나라다. 최근 민주화 투쟁으로 화염에 휩싸인 양곤 시내의 모습이 뉴스에 나올 때마다 가슴이 내려 앉곤 한다. 황금빛 사원의 나라가 하루 빨리 평화를 되찾을 수 있기를 기도하고 또 기도한다.

미얀마타지Myanmar Tha Gyee는 한국에 몇 안 되는 미얀마 레스토랑 중 하나다. 경기도 안산에도 몇 군데 있긴 하지만, 잇쎈틱에게는 가장 훌륭한 미얀마 식당이 바로 여기다. 10년째 같은 자리에서 성업 중이지만 네이버 지도에도 나오지 않는, 꽁꽁 숨은 장소다.

동글동글한 모양의 미얀마어로 이루어진 메뉴판을 맞닥뜨리자 아득한 기분이다. 말은 통하지 않아도 환한 미소로 메뉴판을 가져다 준 주인장의 해맑은 표정 앞에서 잠시 어찌할 바를 몰랐다. 메뉴 이름과 나란한 사진을 보고 적당히 주문하려는데, 다행히 옆 테이블에 식사를 하러 온 미얀마 청년이 알은체를 하며 한국어로 인사를 건넸다. 기회를 놓치지 않고 물었다.

"미얀마 사람들이 좋아하는 음식으로 추천해주세요!" 새로운 음식을 먹을 생각에 잔뜩 흥분했던가, 목청이 한껏 높아졌다. 골목 구석까지 찾아온 우리가 신기했던지, 미얀마 청년도 활짝 웃으며 자신이 좋아하는 음식들을 추천해주었다. 이심전심이다.

중국 요리에서 영향 받은 왓나옛또우Whetnaywet Thoke은

오이, 양파, 마늘, 고수와 함께 귀, 코, 혀 등 쫄깃한 머릿고기를 불맛이 나도록 매콤한 소스에 볶은 요리다. 먹으면서도 우리는 여기는 어디 부위일까? 서로 퀴즈를 맞히듯이 한 입, 한 입마다 온 감각을 동원하여 고기를 즐겼다.

캬욱쁘윈트또우Kyauk Pwint Thoke는 백목이버섯에 매콤하면서도 새콤한 양념이 들어간 샐러드다. 목이버섯보다 더 얇아서 부드럽지만 층층이 씹히는 식감이 좋다. 겉보기와 달리 버섯 켜켜이 들어 찬 소스가 씹을 때마다 쪽쪽 빠져 나오는데, 입안이 금세 소스의 풍미로 화사해진다. 미얀마는 원래 매운 음식을 즐겨 먹는다고 하던데, 맵기를 살짝 낮춘 게

이 정도라니 진정한 미얀마의 매콤함이 궁금해진다. 그런가 하면 따민또우Htamin Thoke는 밥을 주재료로 만든 음식이다. 여러 가지 재료가 섞인 밥이 언뜻 볶음밥을 떠오르게 하지만, 미얀마에서는 '밥 샐러드'라 여긴다. 동남아시아 지역 음식에서 빠질 수 없는 모닝글로리 볶음Gazuhn ywet jaw과 곁들이면 그리 생소하지만은 않은 태국 음식과도 언뜻 비슷하게 느껴진다.

부른 배를 두드리다 주방을 슬쩍 엿보니 커리가 끓고 있다. 팬을 쥔 사람은 미얀마에서 날아왔다는 주인장 누님이다. 녹진한 손길로 만들어졌을 저 음식들은 고향의 맛을 찾아온 점심 손님을 위한 것일 테다. 돼지고기, 닭고기, 채소로 이루어진 다채로운 커리들…. 맛을 못 보고 떠나는 게 마냥 아쉬울 뿐이다.

Mongolia
Uzbekistan
India

모험심을 자극하는 맛

몽골
우즈베키스탄
인도

중원의 기상이 깃든 맛
잘루스

📍 서울 중구 을지로44길 12 뉴금호타워 3층

📞 02-2277-5418

🍴 호쇼르, 밀크티

동대문역사문화공원에서 멀지 않은 곳에 러시아와 카자흐스탄, 우즈베키스탄, 그리고 몽골에 이르는 중앙아시아 음식점과 상점이 밀집해 있다. 잘루스Zaluus는 이 동네에 위치한 몽골 레스토랑이다. 잘루스를 찾아갔던 날, 입구에 주차된 차의 푸른색 관용 번호판을 발견하곤 음식을 맛보기 전부터 신뢰도가 한껏 높아졌던 기억이 난다(한국에서 이름난 외국 음식점을 보면, '외교' 번호판이 붙은 차량이 자주 주차되어 있다). 문을 열고 들어서자 주방장부터 서버까지 모두가 몽골인이었던 이채로운 풍경 또한.

유목민의 나라 몽골은 척박한 기후, 특히 한겨울의 혹한 때문에 푸짐한 고기 위주의 식단을 이루고 있다. 자연히 메뉴는 주로 양고기와 소고기처럼 묵직한 음식으로 이뤄져 있다. 잘루스를 대표하는 메뉴 역시 소고기, 양고기, 또는 낙타고기 소로 만든 일종의 만두, 호쇼르хуушуур다. 겉은 바삭바삭한데 속은 푸짐하고 따뜻하다. 음식을 다 먹었다면 밀크 티сүүтэй цай를 마셔 봐도 좋겠다. 몽골 사람들에게 물은 신성한 존재이므로, 이들은 생수를 잘 마시지 않는다. 차에 우유를 섞어 마시는 까닭이다.

몽골과 한국의 역사적 유대를 돌이켜 보면, 잘루스에 가봐야 할 이유는 한층 선명해진다. 한국사의 결정적 장면마다 틈입했던 몽골의 존재감을 그저 읽고 배우는 데서 그칠 게 아니라, 직접 오감으로 느껴볼 때다. 생각보다 우리 가까이에 몽골의 문화가 깃들어 있다.

어딘가 익숙한 밥, 면, 빵

라자트

📍 서울 용산구 우사단로 37, 3층
📞 02-792-7008
📷 @lazzatuzbek
🍴 라그만, 필라프

우즈베키스탄 음식은 한국에서 가장 대중적이고 익숙한 중앙아시아 음식이다. 몇 년 전부터 한국으로 유학 온 우즈베키스탄 대학생들이 크게 늘어나면서 우즈베키스탄 음식에 대한 인지도도 크게 높아졌다. 다행히 우즈베키스탄 음식은 큰 모험심을 요구할 만큼 낯설거나 복잡한 맛이 아니다. 우사단로에 자리한 작은 우즈베크, 라자트Lazzat는 이 색다른 음식을 처음 경험하기에 맞춤인 장소다. 우즈베키스탄에서 온 주인장 마흐무드Mahmoud는 언제든 당신이 우즈베키스탄 음식에 빠질 수 있도록 맛깔스러운 이야기를 준비하고 있다.

이곳의 대표 메뉴는 라그만lagman과 필라프plov다. 거칠게 말하면 라그만은 면, 필라프는 밥이다. '세계에서 가장 오래된 면 요리'이며, 그 이름 또한 '냉면冷麵'의 중국어 발음 '렁멘'에서 유래됐다고 알려진 라그만은 중국 신장 지역에서 처음 만들어졌는데, 반죽을 손으로 밀고 잡아 당겨 면을 만드는 전통이 지금까지도 전해 내려오고 있다. 채소, 고기, 각종 향신료를 넣고 푹 끓인 육수에 아기 손가락처럼 하늘하늘한 면을 투하하면 완성. 기운을 돋우는 풍미 덕인지 현지에서는 추운 날에 즐겨 먹는다고 한다. 필라프는 주로 양고기와 함께 내는 볶음밥인데, 당근과 건포도를 넣은

탓에 달콤한 맛과 향을 내는 것이 특징이다. 우즈베키스탄에서 필라프는 주로 결혼식과 같은 큰 행사에서 주인공이 되는데, 타오르는 불길 위에 거대한 팬을 놓고 함께 모여 먹는다.

조금 더 든든한 식사를 즐기고 싶다면 쿨차파티르논 kulcha patir non을 주문해도 좋겠다. '논'은 빵을 의미한다. 동그란 가장자리는 도톰하고, 우묵한 안쪽엔 검은깨를 뿌려 낸 이 빵은 얼핏 거대한 단팥빵처럼 보인다. 갓 구워 뜨끈뜨끈한 쿨차파티르논과 알록달록한 우즈베키스탄 한 상 차림을 보고 있자면 어쩐지 마음이 푸근해진다.

한 그릇 가득 남인도
챠크라

📍 서울 용산구 독서당로 83
📞 02-796-1149
📷 chakraa_hanmam
🍴 도사, 가람마살라

인도는 중국 다음으로 인구가 많은 나라다. 인구만 많은 게 아니다. 인더스 문명의 발상지인 인도는 유구한 문화와 드넓은 영토를 자랑한다. 면적으로 따지면 한반도는 인도 영토의 3%에 불과한데, 대한민국 전국 팔도 음식의 다양성을 감안한다면 그토록 넓디넓은 인도의 음식 문화야말로 얼마나 다채롭겠나. 그럼에도 불구하고 한국의 인도 레스토랑에서 맛볼 수 있는 음식은 대개가 북인도식이다. 이 지역 커리는 뜨거운 여름과 추운 겨울을 가진 기후 탓에 농도가 꽤나 되직한 편이고, 중간 정도의 맵기와 부드러운 질감을 지닌다. 크림, 코티지치즈, 요거트, 기ghee(인도에서 식사와 요리에 자주 쓰는 식용 버터) 등의 유제품을 잔뜩 넣어 만드는 것도 북인도식 커리의 특징인데, 이들 유제품은 커리를 비롯한 주메뉴뿐 아니라 디저트에도 즐겨 쓰인다. 커리와 함께 먹는 난naan과 사모사samosas(채소와 감자를 넣고 삼각형으로 빚어 기름에 튀긴 인도식 만두) 또한 우리에게 익숙한 북인도식 메뉴다.

이제껏 인도 남부 지역의 음식은 한국에서 찾아보기 힘들었다. 열심히 탐색해본 결과, 오직 단 한 곳의 인도 레스토랑만이 남인도식 요리를 낸다. 그 이름은 챠크라Chakraa. 서울 한남동 인도대사관 바로 옆에 위치한 이곳은 인도인과 한국인, 그리고 한남동의 외국인 거주자들에게 20년 동안 고른 사랑을 받아온 공간이다. 또한 한국에서는 드문, 인도인이 경영하는 인도 레스토랑이다. 오롯이 남부식이라곤 할 수 없지만, 한국에서 흔히 볼 수 있었던 북인도식 레스토랑에

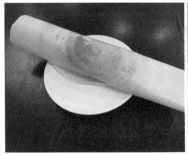

비해 전반적으로 쌀과 렌틸콩, 그리고 스튜에 기반을 둔 남부 지역의 조리법에 가까워보인다.

가장 널리 알려진 남인도식 요리는 도사dosa다. 발효 쌀과 검은 렌틸콩 반죽을 크레페처럼 넓고 얇게 부쳐 먹는 남인도식 길거리 음식이다. 크레페와 비교하자면 도사의 반죽은 좀 더 거칠고 되직하며, 난과는 달리 발효한 렌틸콩 반죽의 시큼한 향내가 느껴진다. 도사를 즐기려면 우선 한입에 넣기 좋을 크기로 찢고, 부드러운 코코넛 처트니chutney(과일이나 채소에 향신료를 넣어 만든 인도식 소스)를 바른다. 입에 넣고 음미하는 동안, 농밀한 인도 향신료의 세계가 밀려들 것이다. 챠크라의 도사는 종류도 여러 가지인데, 가람마살라garam masala(인도 요리에 널리 쓰이는 향신료로, 주로 가정에서 만들어 사용된다)로 양념한 감자를 잔뜩 넣어 만든 마살라도사masala dosa를 선보이거나 고깔 모양의 거대한 도사가 테이블에 오르는 모습을 볼 수 있다.

인도 음식이 떠오르는 날이라면, 탄두리 치킨이나 커리만 떠올릴 게 아니라 도사에 도전해봐도 좋겠다. 뭘 주문해야 할지 모르겠다고? 챠크라의 주인장과 직원들은 당신이 뭘 물어보든 기꺼이 최선의 추천 메뉴를 내밀 준비가 되어 있다.

짜이, 라씨, 그리고 티베트
사직동 그 가게

한 걸음 더

📍 서울 종로구 사직로9길 18
📞 070-4045-6331
📷 @rogpashop
🍽 도사, 커리, 짜이, 라씨

햇살이 좋은 어느 봄날 토요일, 사직동의 나지막한 언덕길을 오른다. 그저 남인도식 음식 도사를 이곳에서 맛볼 수 있다기에 찾아왔건만, 가게 겉모습이 영락없이 예스러운 '점빵'이다. 문을 열고 들어가니 폐가구들이 주인의 손길을 기다리며 마당을 차지하고 있다. 둘러보니 이곳 가구들은 버려진 목재를 이용한 업사이클링 가구다. 묘하게 티베트의 색감과 투박스러운 질감이 담겨 있다.

잘 알려진 것처럼, 달라이라마는 다람살라에 망명정부를 세운 후 티베트의 독립과 망명한 국민들을 위해 힘을 쏟고 있다. 사직동 그 가게는 '록빠ROGPA'라는 NGO에서 운영하는 공간으로, 한국에 티베트의 소식을 알리고 티베트인 가정의 자립을 지원하고자 한다. 공간을 돌보는 이는 티베트 출신 직원과 여러 명의 한국인 자원봉사자다. 테이블 옆에는 티베트 언어로 쓰인 책 여러 권이 놓여 있다. 아이들이 티베트 언어를 잊지 않도록 자국어 책을 계속 만들고 보급하려는 노력이 엿보인다. 공간을 아기자기하게 수놓은 소품들은 대부분 티베트의 여성들이 만든 수제품이다(바로 마당 옆에 위치한 작은 소품 가게에 가면 더 예쁘고 귀한 티베트 여인들의 공예품을 만날 수 있다).

메뉴는 간단하다. 짜이, 라씨, 도사, 그리고 커리. 인도와 네팔 그리고 티베트에 걸친 광활한 지역에서 즐겨 먹는 간편한 음식들이다. 맛깔스러운 음식으로 티베트를 맛보는 건 덤처럼 느껴진다. 그저 존재만으로도 소중한 곳.

+ 티베트가 궁금하다면
티베트의 문화, 그리고 현재의 상황에 관심 있다면 록빠 홈페이지를 방문해 보자. www.rogpa.com

아득하고 깊은 티베트의 풍미

포탈라

한 걸 음 더

📍 홍대점 서울 마포구 월드컵북로4길 13 2층
　　종로점 서울 종로구 청계천로 99 수표교빌딩 지하1층

📞 홍대점 0507-1416-8847 종로점 0507-1421-0094

📷 @tibetanpotala

🍴 샵타, 팅모, 뚝바, 요산박레

바람이 아주 매섭게 불던 날, '포탈라'라고 쓰인 큰 간판이 눈에 들어왔다. 인도·네팔 음식을 한다고 쓰여 있었지만, 눈길이 간 건 '국내 유일 티베트 음식'이란 문구였다. 알록달록 진한 색의 천 자락과 이국적인 등갓까지. 에스닉한 분위기의 내부는 여느 인도 레스토랑과 별 차이가 없었는데, 달라이라마 14세와 포탈라궁에 이르는 사진을 보면서 이곳이 진짜 티베트 레스토랑임이 실감났다.

추위를 녹이기 위해 버터 티를 먼저 주문했다. 빵과 버터가 아니라 티와 버터라니, 어딘가 낯설게 느껴지지만 티베트 사람들에겐 일상과도 같은 음료다. 고원지대에서 유목민으로 생활해 온 티베트인들이 체온 유지를 위해 즐겨 마시는데, 승려들은 매일 예배 후 마시고 아기가 태어나면 친지들이 액운을 막아주기 위해 선물하기도 한다. 차에 버터와 소금을 넣고 만드는데, 이때 차는 보이차를 이용하기도 한다. 따뜻하게 녹은 버터의 고소한 맛에 얼었던 몸이 풀어진다.

샵타Shapta는 티베트식 커리라고 알려져 있는데, 향신료가 강하지 않고 자극적이지 않은 고기 볶음에 가깝다. 옛 티베트에서는 야크 고기를 많이 먹었다고 한다. 우리는 양고기 샵타와 유목민들이 먹는 박레Bhakle라는 빵을 곁들여 먹었다. 커리를 난과 먹어야 그 맛과 향을 제대로 즐기듯, 박레의 고소함이 샵타의 풍미를 돋운다. 샵타는 티베트식 찐빵 팅모Tingmo와 같이 먹어도 맛있다. 뜨끈한 국물에 칼국수같이 수제 면이 있는 뚝바Thukpa도 겨울에는 속을 확 풀어준다. 큰 박레를 통으로 튀겨 꿀을 찍어 먹는 요산박레Yosan Bhakle는 찹쌀 도넛처럼 쫄깃하고도 바삭하니 디저트로 즐기기에 그만이다.

Eu

rope

미식가를 설레게 하는, 유럽

도심 한복판의 비좁은 골목에 숨어 있는 정통 프랑스 바게트 상점부터 프라하를 그대로 옮겨 놓은 듯한 체코풍의 펍, 이름만 '독일 빵집'이 아닌 진짜 프레첼을 선보이는 식당, 피자도 아닌 '핀사'를 요리하는 서귀포의 작은 공간까지. 으레 '양식'이라는 이름으로 뭉뚱그려졌던 유럽의 음식 문화를 여기 낱낱이 파헤쳐놓았다. 마음만 먹으면 언제든 유럽 일주를 떠날 수 있다.

France
Italy

미식 국가 대표 주자

프랑스·이탈리아

가장 프랑스적인 식사

르셰프블루

📍 서울 중구 청파로 435-10, 2층

📞 02-6010-8088

📷 @lechefbleukorea

🍽 점심 3코스 3~10만 원, 저녁 7코스 10~15만 원

프렌치 레스토랑이라고 하면 어쩐지 벽이 느껴진다고 고백하는 이들이 있다. 값비싼 메뉴, 낯선 재료와 조리법, 숨 막히는 격식, 까다로운 주문 체계 때문이라는데 이는 그릇된 편견이다. 사람 사는 풍경은 다 고만고만하고, 무엇보다 프랑스 사람들은 언제나 먹는 것에 진심인 족속 아니던가. 그러니 편안하면서도 근사한 분위기, 합리적인 가격, 푸짐하고 맛깔스러운 음식이야말로 프랑스 사람들이 원하는 식사의 지향점인지도 모르겠다. 프랑스 노르망디 출신으로 현재 주한 프랑스대사관의 주방을 맡고 있는 헤드 셰프 로랭 달레Laurent Dallet와 그의 아내인 이미령 대표가 운영하고 있는 충정로의 작은 프랑스 식당, 르 셰프 블루Le Chef Bleu는 그런 소박한 열망에 정직하게 부응하는 공간이다.

우선, 이곳은 메뉴판이 단순하다. 고정된 가격으로 구성된 프리 픽스Prix Fixe 코스 메뉴를 선보이고 점심에만 단품 메뉴를 준비하기 때문이다. 3만~10만 원의 다양한 가격대로 아뮤즈부쉬-메인-디저트의 점심 3코스가, 여기에 수프와 치즈 등을 더한 저녁 7코스가 10만~15만 원으로 구성되어 있다(개별 코스의 선택지는 대개 2가지씩이다). 메뉴는 그때그때 제철 재료를 반영해 비정기적으로 운용된다. 이를테면, 수산시장에 신선한 가자미가 들어오는 날엔 솔 뫼니에르Sole Meuniere(프랑스식 생선구이)를, 뿌리채소가 맛있어지는 겨울엔 감자를 켜켜이 쌓아 진한 크림 소스를 얹어 낸 그라탕 도피누아Gratin Dauphinois를 선보이는 식이다. 그중에서도 대표적

인 고정 메뉴를 하나만 꼽아야 한다면 9시간 이상 캐러멜라이즈 한 양파와 닭육수로 끓여낸 양파 수프를 말해야겠다. 에멩탈 치즈, 크루통, 크림을 더해 노르망디식으로 표현한 이 수프는 찬바람 부는 날이면 생각날 포근하고 아늑한 맛이다.

르셰프블루의 지향점을 잘 보여주는 또 다른 메뉴는 포토푀pot au feu다. 우리말로 직역하면 '불 위의 냄비'인데, 프렌치풍 비프 스튜를 뜻한다. 불 위에서 오랜 시간 끓여 고기를 부드럽게 하고 당근, 감자, 순무, 셀러리, 양파, 리크(양파의 한 품종으로 프랑스에서는 향신료로 취급한다) 등 뿌리채소를 넣어 채수를 우리기 때문에 건강한 풍미가 더해진다. 프랑스의 국민 음식 포토푀는 역사적으로 서민과 귀족이 두루 즐겨온 음식이다. 디종 머스터드, 그리고 스튜를 충분히 머금을 수 있는 두터운 빵과 함께 즐긴다. 그 구수한 풍미가 깊고도 따뜻해서 여운이 길다.

로랭 달레

"된장과 고추장은 물론이고 깻잎과 참기름, 제철 열무와 알타리, 계절을 가리지 않는 제주의 온갖 감귤류까지. 신선한 한국 식재료로 프랑스 요리를 선보이고 있죠." 로랭 달레의 원동력은 자유로운 사고방식이다. 한때 파리의 통신회사에 근무하던 그는 2007년 돌연 〈레콜 드 셰프 L'École des Chefs〉라는 TV 요리 프로그램을 보고는 요리를 배워야겠다고 결심했다. 흥미롭게도 그가 선택한 것은 미국행이었다. 명망 있는 교육 기관인 FCI(French Culinary Institute, 현재는 ICE ; International Culinary Education로 개명)가 뉴욕 맨해튼에 있었기 때문이다. 프렌치 퀴진에 대한 자부심이 컸던 그의 부모는 '버거와 피자뿐인 곳에서 뭘 배우려는 거냐'며 혀를 찼으나, 그는 에너제틱한 뉴욕 생활이 즐거웠다. FCI에서 만난 친구들과 '르 셰프 블루'라는 이름의 케이터링 회사를 차려 도시 곳곳을 누볐고, 예술가부터 정치인까지 온갖 사람들과 교유했다.

2012년 즈음, 아내의 나라인 한국을 찾았을 때 한국인들의 프렌치 레스토랑에 대한 고정관념에 놀란 그는 그릇된 인식을 바꾸기 위해 손수 원테이블 쿠킹 스튜디오를 차려 대표적인 프랑스 음식을 가르치기 시작했다. 오트 퀴진*의 엄숙함이나 누벨 퀴진**의 독창성이 아니라, 가족들끼리 모여 앉아 즐기는 넉넉하고 근사한 프랑스 요리를 알리고 싶었기 때문이다. 2016년부터는 파비앙 페논Fabien Penone 주한 프랑스 대사가 고용한 대사관 요리사가 되어 갈라 디너, 모금 파티, 구 드 프랑스***와 같은 다양한 행사를 통해 본격적으로 프랑스 음식의 아름다움을 알릴 수 있었다.

* 오트 퀴진haute cuisine은 프랑스 궁정에서 향유한 식문화. 호사스럽고 묵직한 육류 중심
으로 차린다.

** 누벨 퀴진nouvelle cuisine은 고전 요리에 대한 반발로 생겨난, 재료 본연에 집중하는 조리
법. 비평가 크리스티앙 미요Christian Millau와 앙리 고Henri Gault가 주창한 개념으로, 두 사
람은 미쉐린 가이드에 필적할 '고미요Gault&Millau'라는 미식 가이드의 설립자이기도 하다.

*** 구 드 프랑스 Goût de France는 유네스코 무형유산으로 지정된 프랑스 식문화를 기리는
행사. 전 세계의 프랑스 셰프들이 하나의 주제로 같은 날 동시에 요리를 펼친다.

부산에서 맞닥뜨린 프랑스

레플랑시

📍 부산 해운대구 송정구덕포길 144

📞 051-704-2216

📷 @lesplanchesbusan

🍽 오늘의 점심 메뉴, 코스 요리(레플랑시, 리비에라,
    데규테이션, 셰프 테이스팅)

언제나 붐비는 해운대 앞바다를 뒤로한 채 송정으로 간다. 목적지는 프랑스 출신의 오너 셰프 프랑크 라마슈와 그의 아내 박주연 대표가 운영하는 작은 레스토랑, 레플랑시 Les Planches다. 상호인 레플랑시를 우리말로 번역하면 '나무 갑판'쯤 되는데, 라마슈 셰프는 이 단어에서 바닷가 마을의 온화한 삶을 길어올리고자 한다. 우연히 송정해수욕장을 찾았던 부부는 호젓한 구덕포항을 마주한 지금의 건물을 발견했고, '바로 여기야!' 하는 환호와 함께 '레플랑시'라는 단어를 떠올렸다. 여유와 낭만이 흐르는 이 공간은 '비스트로노미bistronomy'가 되기를 자처한다. 라마슈 셰프가 주장하는 개념인 비스트로노미는 캐주얼한 식당인 '비스트로bistro'와, 그보다 한 차원 고급스러운 '프렌치 가스트로노미French gastronomy'를 합한 말이다. 친근하고 다정한 분위기 속에서 프랑스 음식 본연의 싱그럽고 우아한 풍미를 선사하겠다는 것이다. 주방을 오픈 키친 형태로 만든 것도 그런 이유 때문이다. 안이 훤히 보이는 주방에서 셰프는 손님들과 자유롭게

교감을 나눈다.

메뉴에서도 레플랑시의 지향점이 분명하게 드러난다. 수프, 메인, 디저트, 그리고 홍차로 구성된 오늘의 점심 메뉴가 25,000원. 건강한 제철 재료로 요리해 알차고 맛깔스러운 데다, 무엇보다 가격이 매우 합리적이다. 이를 기본으로 취향껏 자신이 원하는 메뉴를 골라 레플랑시 코스(38,000원), 리비에라 코스(54,000원), 데규테이션 코스(79,000원), 셰프 테이스팅 코스(100,000원)를 즐기는 식이다. 와인 페어링을 추가하면 식사는 더 즐거워진다.

라마슈 셰프는 최소한의 재료로 재료 본연의 맛을 내는 데 집중한다. 예를 들어 로브스터 요리라면 그저 로브스터의 풍미만을 극대화한다는 것이다. 간소함을 지향하는 셰프의 모습은 언뜻 정통 프렌치 퀴진과 거리가 멀어보이지만, 알고 보면 그는 에스코피에 요리연구소Disciples Escoffier*의 일원이다. 정통 프랑스 요리의 토대 위에 자신만의 독창적인 한 끗을 이루는 것이 그의 목표라는데, 레플랑시의 음식을 맛보고 나면 자연히 고개가 끄덕여진다.

---

* 에스코피에 요리연구소Disciples Escoffier는 18세기 정통 프렌치 퀴진을 집대성한 오귀스트 에스코피에Auguste Escoffier의 정신을 계승하는 글로벌 요리 공동체다. 에스코피에의 저서는 오늘날까지 '경전'으로 널리 읽힌다.

프랑크 라마슈 Franck Lamarche

"우리 프랑스 사람들은 끊임 없이 나눠 먹고, 얘기하고, 또 나눠 먹길 좋아해요. 레플랑시의 손님들이 프랑스 사람처럼 여유롭게 식사를 즐기길 바랍니다." 라마슈 셰프는 프랑스 노르망디의 주도 루앙Rouen에서 태어났다. 그는 늘 우유, 치즈, 사과로 음식을 만들던 할머니로부터 요리에 대한 영감을 받곤 했다. 요리 학교에서 2년간 수학한 그는 알랭 뒤카스Alain Ducasse*의 레스토랑에서 12년간 사사하며 기본기를 탄탄하게 다졌고, 어엿한 수셰프sous-chef**가 됐다. 이후 미국부터 보라보라 섬에 이르기까지 지구 방방곡곡을 누비며 요리를 즐겼고, 심지어는 카자흐스탄에 3년간 머물며 대통령 전담 셰프로 일하기도 했다. 아내를 만나 한국에 정착한 그는 이태원에서 5년간 르생텍스Le Saint-Ex라는 레스토랑에서 일했고, 2015년 부산 송정에 닿아 레플랑시를 열었다.

---

* 프렌치 퀴진의 거장, 알랭 뒤카스는 지구상에서 가장 위대한 셰프 중 하나다.

** 부주방장을 뜻하는 말. 직역하면 '요리사의 아랫사람'이란 뜻이다.

샤퀴테리와 델리카트슨
Charcuterie & Delicatessen

유럽의 거리를 걷다 보면 눈길을 끄는 장면이 하나 있다. 상점 안에 바게트나 캉파뉴가 먹음직스럽게 쌓여 있고, 냉장고에는 무심한 듯 둘둘 말아 둔 여러 종류의 샌드위치와 치즈, 핑크 빛의 다채로운 햄이 가득한 모습. 머리 위로는 고깃덩이와 소시지가 죽 매달려 있다. 이곳은 바로 델리카트슨delicatessen. 18세기 유럽에서 본격적으로 생겨나기 시작한 델리카트슨은 가공육과 치즈, 피클, 올리브 등 갖가지 먹거리를 파는 공간이다. 독일에선 델리카트슨delicatessen, 프랑스에선 델리카테세délicatesse, 미국에선 델리deli 라고 부르는데, '즐거움을 주는 것 Something delightful'이란 뜻을 가진 라틴어에서 파생된 말이다. 미국에는 유럽에서 이주해온 이민자들이 그리스식 델리, 유대계 델리, 이탈리안 델리 등을 운영하며 고향의 맛을 지켜간다. 이민자들에겐 이곳에서 고향 음식을 먹을 수 있다는 사실이 큰 위로와 즐거움이 된다.

델리카트슨에서 다루는 제품 중 가장 비중이 큰 것은 가공육, 샤퀴테리charcuiterie다. 프랑스어인 샤퀴테리는 '고기char'와 '가공된, 조리된 cuit'의 합성어로 그 형태와 속성은 나라마다, 지역마다 다른 모습이다. 특히 유럽에서는 고기의 훈제, 건조, 숙성 전통이 유구하다. 프랑스의 잠봉, 스페인의 하몽, 이탈리아 프로슈토, 미국의 베이컨, 독일의 소시지, 그리고 폴란드의 킬바사가 대표적이다. 샤퀴테리는 크게 두 종류로 나뉜다. 테린terrine이나 파테pate처럼 익힌 샤퀴테리 퀴이트charcuterie cuite, 잠봉jambon이나 소시송saucisson처럼 건조 숙성 과정을 거치는 샤퀴테리 세시charcuterie sèche다.

샤퀴테리와 치즈, 그리고 빵 몇 조각을 나무 도마 위에 툭 올려 놓으면 대단한 요리 실력 없이도 멋진 한 상이 차려진다. 그래서 델리카트슨은 참새 방앗간이다. 딱히 살 게 없어도 막상 들어가 보면 뭔가에 홀린 듯 양손 가득 먹거리를 사 들고 나오게 된다. 반가운 사실은, 한국에도 델리카트슨이 속속 생겨나고 있다는 것. 과거엔 수입에만 의존했던 육가공품도 이제는 국내산으로 만나볼 수 있다. 프랑스어로 고기를 잘 다루어 가공하는 사람들을 샤퀴티에charcutier라 한다. 우리는 한국의 샤퀴티에와 근사한 델리카트슨을 찾아 보았다.

샤퀴테리를 찾아서

❶

프랑스 구르메

한국에 사는 프랑스 사람이 적지 않건만, 불과 10년 전만 해도 한국의 샤퀴테리 전문점의 존재는 상상하기 힘든 것이었다. 그러던 2013년, 로무알드 피에터스Romuald Pieters가 샤퀴테리 전문점 프랑스 구르메France Gourmet를 선보이면서 프랑스인들의 식탁은 광명을 찾기 시작했다. 다만 이 땅에서 프랑스식 육가공품을 만들기 시작한 개척자에겐 샤퀴테리에 적합한 고기를 찾는 것도, 까다로운 설비를 갖추는 것도 어느 하나 쉬운 게 없었다. 지금 그는 경기도 광주에 위치한 100평 남짓한 공방에서 정교하게 설정한 습도와 온도로 샤퀴테리를 에이징한다. 건조실에는 5~6종류의 샤퀴테리 세시가 하얀 옷을 입고 대롱대롱 매달려 있다. 지름 2~3cm 정도의 얇은 소시송과 초리소는 1개월, 지름 6~7cm 정도 두께의 론조와 프로슈토는 2개월 정도 숙성해야 한다. 잠봉드파리Jambon de Paris는 돼지 뒷다리를 3일간 염장하고 7시간 허브에 끓여 잡내 없이 살코기 그대로 즐기는 건강한 햄이다. 부드럽고 담백한 풍미가 매력적이라, 나들이 갈 때면 이곳의 잠봉드파리 한 팩과 화이트 와인 한 병을 꼭 챙겨 가고 싶어진다.

📷 www.francegourmet.kr
📞 031-719-2809

❷ 소금집 델리

2018년 서울 망원동에 문을 연 소금집 델리Salt House Deli의 폭발적인 인기는 이 듬해인 2019년 안국동 2호점의 개점으로 이어진다. 공방에서 직접 만든 수제 햄, 베이컨, 소시지 등 가공육을 맛볼 수 있는 곳으로, 특히 파스트라미 샌드위치와 잠봉뵈르 샌드위치의 맛이 훌륭하다. 둘은 미국 델리의 상징적인 메뉴로, 한국에 선 이처럼 제대로 구현한 공간이 흔치 않다. 독일식 양배추 피클인 자우어크라우트를 넣은 루벤Reuben 샌드위치도 매력적이다.

📍 망원점 서울 마포구 월드컵로 19길 14, 2층
　안국점 서울 종로구 북촌로 4길 19, 1층
📞 망원점 0507-1305-2617 안국점 0507-1317-2617

❸ 메종조 Maison Jo

조우람 대표는 새로운 도전을 위해 스페인으로 여행을 떠났다. 그러나 경유지인 프랑스 보르도의 재래시장에서 먹은 잠봉jambon 한 조각에 인생의 행로가 뒤바뀐다. 그는 바로 서툰 프랑스어로 더듬더듬 편지를 써 샤퀴테리 공방에 취직했고, 프랑스 전통 방식의 샤퀴테리를 직접 배웠다. 프랑스에서 5년간 샤퀴테리에만 전념한 그는 잠봉을 처음 맛보았을 때의 감동을 한국에서도 이어가고자 메종조를 열었다. 10평 남짓 작은 공간에서 시작했지만 지금은 20여 종의 샤퀴테리 전문점으로 우뚝 섰다. 페이스트리 안에 고기를 넣고 오븐에 구운 파테 앙 크루트는 오리와 닭의 간으로 만드는데, 재료 본연의 부드러운 질감과 견과류, 건과일의 씹는 맛이 더해져 풍부한 맛을 낸다.

◎ 서울 서초구 반포대로7길 35 공아트빌딩 1층
◎ @maison_jo_

❹ 써스데이 스터핑 Thursday Stuffing

중식당이 즐비한 서울 연희동 골목에서 눈에 띄는 공간이 하나 있다. 살라미와 오리 프로슈토, 파테 캉파뉴, 소시지, 코파coppa와 관찰레guanciale를 만드는 샤퀴테리 공방, 써스데이 스터핑이 그 주인공이다. 이곳은 2017년에 처음 문을 열었으나 골목 깊은 곳에 자리해 있기에 그간 많은 이들에게 알려지지 않았다. 앞서 언급한 가공육과 소시지는 구매 후 포장해 갈 수도, 이곳에서 직접 플래터나 샌드위치로 와인 한 잔과 함께 맛보고 갈 수도 있다.

◎ 서울 서대문구 연희로 15안길 6-4
☏ 02-322-2359 ◎ @thursday_stuffing

❺ 미트로칼 Meat Lokaal

경의중앙선 한남역 근방은 레스토랑이 그리 많지 않은 동네인데, 이곳에 이처럼 작은 소시지 가게가 생겼다니! 미트로칼은 독일식 생소시지인 레겐부르거Regensburger, 브라트부르스트bratwurst, 플라이시케제Fleischkäse 등을 선보이면서 자리를 잡았고, 현재는 프랑스식 소시송, 오리 프로슈토 등 다양한 샤퀴테리와 스위스 치즈 샌드위치, 파스트라미 샌드위치도 만들어 선보인다. 가공육과 완벽한 조화를 이루는 수제 피클과 자우어크라우트도 만나볼 수 있다. 독일식 소시지 장인인 임성천 대표는 현지에서 마이스터에게 직접 소시지 만드는 법을 사사했다.

◎ 서울 용산구 독서당로 39, 107-2호
◎ @meatlokaal

한
걸
음
더

장인의 바게트
바게트케이

📍 서울 강남구 테헤란로34길 21-10

📞 02-567-9501

📷 @baguette_k

🍽 몽쥐바게트, 말제르브바게트, 크루아상, 피낭시에

빵 좋아하는 사람들 사이에서 유독 자주 회자되는 이니셜이 하나 있다. 바로 K, 바게트케이 Baguette K다. 이곳은 서울 지하철 2호선 역삼역 르네상스호텔 사거리 뒤꼍의 좁은 골목에 위치했음에도 그 훌륭한 맛 때문에 알음알음 찾아오는 손님들로 날마다 문전성시를 이룬다. 빵이라는 음식에 별다른 감흥을 느끼지 못하는 당신이라도, 이곳에서 정통 프랑스 바게트의 명맥을 잇는 주인장 김종우와 마주친다면 별수 없이 바게트의 매력에 흠뻑 빠지게 될 것이다.

새벽부터 온종일 바게트를 만드는 이곳은 프랑스의 여느 빵집처럼 매일 아침 7시에 영업을 시작한다. 메뉴는 바게트와 크루아상, 피낭시에, 샌드위치 등 프랑스 불랑제리의 메뉴를 그대로 옮겨 놓은 듯하다. 대표 메뉴는 단연 바게트로, 4가지 종류를 주로 선보인다. 몽쥐바게트는 우리가 아는 가장 기본적인 바게트로, '겉바속촉(겉은 바삭, 속은 촉촉)'의 정수를 구현한다. 바삭하면서도 고소한 풍미를 잘 살린 덕에 남녀노소 할 것 없이 이 바게트를 사랑한다. 한편 말제르브바게트는 앞서 말한 몽쥐바게트에 비해 부드러운 것이 특징이다. 포슬포슬하고 부드러운 말제르브바게트는 슴슴한 맛을 선호하는 이들에게 인기가 많다.

최근에 읽었던 신문 기사에 따르면, 프랑스 시골의 작은 마을에 빵집이 사라지기 시작했다고 한다. 이런 동네에서는 아침에 바게트를 사려면 자판기를 이용해야 한다는 믿기 어려운 소식도 덧붙여져 있었다. 무거워진 마음을 추스르는 동안, 바게트케이의 존재감이 새삼 감사하게 느껴졌다.

파스타의 모든 것

파올로데마리아

📍 서울 종로구 자하문로 242 1층
📞 0507-1312-9936
📷 @paolodemariafinetrattoria
🍴 캔디 파스타, 파파르델레, 그린 리소토, 바냐 카우다

자하문 터널을 지나면 고즈넉하고 기품 있는 작은 동네, 부암동에 닿는다. 그곳에 이탈리아의 맛과 멋, 그리고 문화를 알리는 레스토랑 파올로 데 마리아 피네 트라토리아Paolo de Maria Fine Trattoria(이하 파올로데마리아)가 있다. 기나긴 이름을 차근차근 살피자면 '파올로 데 마리아'는 주인장의 이름이고, '트라토리아Trattoria'는 합리적인 가격으로 훌륭한 지역 음식을 즐길 수 있는 식당을 뜻한다. 이곳은 모던함을 강조하는 여느 트렌디한 레스토랑과는 달리 구석구석 37년 경력 오너 셰프의 철학이 묻어나는 귀한 공간이다. 코스 요리에 대한 부담 없이 한국의 신선한 계절 식재료와 함께 계절마다 바뀌는 정통 이탈리안 요리를 즐길 수 있다는 것이 매력적이다.

파올로 데 마리아Paolo de Maria 셰프는 한국에서 이탈리아인으로는 최초로 파스타 전문 서적을 썼고, 이 책은 여러 이탈리아 요리 수업에서 교본으로 쓰이며 널리 읽히고 있다. 그런 만큼, 이곳에 왔다면 파스타는 반드시 맛봐야 한다. 메뉴판을 펼치면 유독 맛이 궁금해지는 파스타의 이름이 눈에 띄는데, 바로 캔디 파스타다. 오징어 먹물을 넣은 반죽으로 빚어낸 캔디 모양 파스타를 한 입 베어 물면 고소한 피스타치오의 향내와 생선 살의 부드러움이 입안 가득 흐드러진다. 소스와 알 덴테al dente*로 익힌 파스타의 식감이 얼마나 조

---

* '치아에 닿는'이란 뜻. 약간의 저항력을 유지할 만큼 알맞게 익힌 음식의 촉감. 파스타 면을 삶았을 때라면 씹었을 때 안쪽 심이 살캉하게 느껴질 만큼의 경도.

화로운지.

빛깔이 아름다운 또 하나의 메뉴는 이탈리아 치즈 퐁뒤를 곁들인 바르베라 와인 파파르델레Pappardelle al barbera con fonduta di formaggi italiani다. 반죽에 바르베라 와인을 넣어 만든 핑크빛 파파르델레(2~3cm 너비의 파스타)와 진한 치즈 양념을 섞어낸 요리로, 접시에 깔린 와인 퓨레에서 포도 향이 올라와 먹는 내내 즐거운 기분이 든다. 흡사 치즈에 와인을 곁들이는 느낌이랄까.

수많은 레스토랑을 다니면서 자국의 레시피에 한국의 계절 식재료를 응용하는 셰프를 만날 때면 경의를 표하고 싶다. 파올로 셰프는 한국의 신선한 식재료들에 대한 이해가 특히 빼어나다. 새로운 가을 계절 메뉴인 감자 크림과 부라타 치즈를 곁들인 낙지 전채요리Polpo croccante, crema di patate e fonduta di burrata를 보면 여실히 알 수 있다. 대파의 하얀 줄기 부분과 감자 퓨레 위에 올라온 낙지는 마치 바닷가 갯벌의 낙지를 연상시킨다. 따뜻한 감자 퓨레는 우유크림보다 부드럽고, 올리브오일에 구운 낙지는 탱탱함보다 부드러움으로 승부를 건다. 터트린 부라타 치즈를 곁들여 한 입 베어 문 순간, 씹을 여유도 없이 녹아버린다. 가을 낙지가 기운을 한껏 북돋아주는 것은 물론이다.

'보기 좋은 떡이 맛도 좋다'는 말이 있다. 선명한 적녹 대비의 식재료가 침샘을 자극하는 프로세코 소스와 시금치 그린 리소토risotto al verde di spinaci e vellutata al prosecco는 단순

한 조리법으로 미뢰를 한껏 곤두세운다. 시금치의 건강한 맛은 리소토 소스의 초록빛으로 녹아들고, 이탈리안 스파클링 와인인 프로세코Prosecco는 은은한 시큼함으로 끝맛을 장식한다. 파르메산 치즈와 버터로 고소함과 윤기를 더하는 것도 잊지 않았다. 생쌀에 채수를 한 스푼씩 넣어 타지 않도록 저어 만드는 리소토는 전분이 천천히, 충분히 나와야 알 단테의 식감을 살릴 수 있기 때문. 한식 못지않은 슬로푸드다.

하나 더, 빼놓을 수 없는 음식이 있다. 바냐 카우다Bagna càuda는 토리노를 대표하는 음식이다. 기본은 마늘과 절인 안초비에 헤이즐넛오일을 넣어 작은 램프 위에 끓이고, 여기에 다양한 채소를 찍어 먹는 식이다. 16세기부터 시작된 이 요리는 오늘날에도 여전히 널리 사랑 받는 음식이지만, 헤이즐넛오일 구하기가 힘들어지면서 올리브오일이나 버터로 대체되는 등 그 모습이 조금씩 변화하고 있다. 그럼에도 이탈리아 사람들은 바냐 카우다가 산으로 둘러싸인 도시에서 소금이 중요했던 시절에 시작된 요리임을, 또한 헤이즐넛이 풍부했던 시절로부터 유래했음을 기억한다. 음식은 삶을 표현하는 수단이다. 반복해서 말하지만, 그래서 요리는 한 끼를 때우는 일 이상의 그 무엇이다. 역사 속 한 장면을 설명하는 상징물로서 요리만 한 게 또 있으려나?

파올로 데 마리아

"요리사로 20년쯤 일하고 보니 이제야 요리가 무엇인지 알 것 같습니다." 그는 자신을 요리사cook라고 소개한다. '셰프'는 다른 사람의  인정에서 우러나와야 하는 칭호라며, 스스로는 그저 요리를 하는 사람이라 표현한다. 이탈리아 토리노Torino에서 태어난 그는 14살 때부터 호텔 관광 전문학교에서 요리 과정을 배우면서 주방 일을 시작해 지금까지 한 번도 주방을 떠난 적이 없다. 토리노는 이탈리아 최초의 수도가 있던 곳으로 고급스러운 왕가의 음식이 발달한 도시다. 파올로는 도시에서 가장 오래된, 160년 역사를 지닌 레스토랑에서 경력을 쌓았고 이를 통해 깨달음을 얻었다. "요리는 단순히 배를 채우는 일이 아니라 만드는 사람과 문화권의 개성, 재료 고유의 맛에 대한 이해를 수반해야 합니다."

> **+ 이탈리아의 식당엔 위계가 있다?**
> 이탈리아에서는 식당을 격식에 따라 3가지로 나눈다. 가장 고급스러운 식당을 리스토란테ristorante, 지역의 특색 있는 음식을 소개하는 식당을 트라토리아trattoria, 선술집이나 동네 밥집을 오스테리아Osteria라 부른다.

시칠리아의 맛과 삶

츄리츄리

📍 서울 마포구 독막로15길 3-13 2층

📞 02-749-9996

📷 @ciuriciuriseoul

🍴 아란치니, 알라 노르마, 카놀리

머릿속에 이탈리아의 지도를 헤아린다. 지중해 위로 무릎까지 올 법한 긴 장화를 그린다. 언제나 따사로운 태양이 내리쬐는 곳, 시칠리아Sicilia는 장화의 코 부분에 자리한 삼각형 모양의 섬이다. 레몬, 레드오렌지, 포도, 피스타치오, 그리고 올리브까지. 맛있는 자연으로 가득한 이곳은 말 그대로 '축복받은 땅'이다. 이탈리아 안에서도 시칠리아는 거의 다른 나라라고 취급될 만큼 음식도, 언어도 그들 고유의 색깔이 또렷하다. 상수동에 위치한 작은 시칠리아, 츄리츄리 Ciuri Ciuri를 소개할 때다.

시칠리아 음식의 시작은 단연코 아란치니arancini (한 개는 아란치노arancino. 아란치니는 복수형이다)다. 시칠리아 섬이 아랍권의 통치 하에 놓여 있던 시절 탄생하게 된 아란치니는 먹음직스럽게 튀긴 테니스 공 모양의 음식이다. 겉으로 보아서는 안에 뭐가 들었을지 도무지 가늠할 수 없는데, 살짝 건드리면 '바삭' 하는 경쾌한 파열음과 함께 노란 밥과 라구 소스, 완두콩이 드러난다. 라구소스는 토마토소스에 간 소고기를 넣고 뭉근히 끓여 만드는 소스로, 이탈리아 음식에 두루 쓰인다. 샤프란으로 노랗게 지은 밥과 함께 뭉쳐 튀길 때 특히 더 조화로운 맛을 낸다. 고르곤졸라 치즈와 프로슈토를 넣어 부드럽고 진한 맛을 내

기도 한다.

아란치니는 오늘날 시칠리아의 대표적인 길거리 음식

으로 알려져 있지만, 예전에는 일터에 가는 노동자들이나 먼 길을 떠나는 사냥꾼들이 챙기곤 하는 메뉴였다. 작고, 든든하고, 안에 무엇을 넣느냐에 따라 여러 가지 맛을 내고, 만드는 이가 순발력을 발휘해 다양하게 변주할 수 있는 음식이기 때문이다. 리소토 한 그릇보다 많은 양의 밥을 한 덩어리로 뭉쳤으니, 이보다 더 영양가 있는 한 끼도 없을 것이다.

이탈리아 음식 애호가라면, 파스타 알라 노르마Pasta alla Norma(이하 '알라 노르마')에 대해 들어봤을지도 모르겠다. 직역하면 '일반적인 파스타'라는 뜻이지만 그 유래는 1831년에 초연한 빈첸초 벨리니Vincenzo Bellini의 아름다운 오페라 〈노르마Norma〉다. 시칠리아 출신인 벨리니와 그 친구들은 훌륭한 것을 보면 '진짜 노르마Una Vera Norma'라는 표현을 쓰곤 했는데, 극작가 니노 마르토글리오Nino Martoglio 또한 가지와 리

코타 치즈를 넣어 만든 시칠리안 파스타를 먹고는 완벽한 조화로움에 감동한 나머지 '진짜 노르마'라고 외쳤다는 것이다. 알라 노르마에는 이처럼 19세기 시칠리아인의 음식과 예술이 깃들어 있다.

츄리츄리의 알라 노르마에는 트레체trecce 파스타를 쓴다. 이 파스타는 장인이 반죽 덩어리를 막대기로 하나하나 밀어서 꽈배기 도넛처럼 꼬아 만드는데, 안쪽 면까지 토마토 소스가 잘 배어드는 것이 특징이다. 이로 끊어 먹기 좋을 만큼의 알 덴테로 익힌 트렌체 파스타는 쫄깃하면서도 단단하고 우아하다. 시칠리아 방식 그대로 소금에 숙성한 리코타 치즈는 그 풍미가 흐드러지고, 껍질을 얇게 잘라 튀겨낸 가지는 고소함과 씹는 재미를 더한다.

시칠리아의 대표적인 디저트는 단연코 카놀리Cannoli다.

겉면은 바삭하고 속은 단단한 원통형의 페이스트리 안에 리코타 치즈 크림을 넣어 만든다. 먹기 전에 말린 오렌지나 피스타치오를 예쁘게 뿌려서 즐기는데, 보기에도 먹기에도 행복하다. 식사 메뉴에는 단 음식이 없기 때문에, 디저트만큼은 기분 좋은 달콤함을 충분히 즐기는 게 이탈리아식 다이닝의 특징이다. 여기에 에스프레소 한 잔까지 곁들이면 완벽한 시칠리안 스타일의 마무리다. 이쯤 되면 두 주인장에게 감사 인사를 전하고 싶어진다. '그라치에Grazie!'

엔리코 올리비에리 & 필리파 피오렌차

여전히 파스타와 피자가 점령하고 있는 한 국의 이탈리안 레스토랑 신scene에서 시칠 리안 음식을 선보인다는 일은 셰프의 자신감과 담대 함, 그리고 고집을 방증한다. 츄리츄리는 매년 이탈리 아의 와인 & 레스토랑 가이드인 《감베로 로소Gambero Rosso》* 에서 '정통 이탈리아 레스토랑' 부문에 이름을 올리고 있다. 이 인 증이 있다면, 적어도 맛에 대해서는 추호도 의심의 여지가 없다. 츄리츄리의 주인장은 이탈리아에서 온 엔리코 올리비에리Enrico Olivieri(이하 '엔리코')와 필리파 피오렌차Filippa Fiorenza(이하 '피 오레') 커플이다. 이곳에서 6년간 자리를 지키며 꽃처럼 아름다운 시칠리아의 맛을 선보여 온 두 사람이다. 로마 출신의 소믈리에 엔리코는 시칠리아에서 본격적으로 와인을 배웠고, 10년 전 한 국에 정착해 소믈리에로서 이탈리아 와인을 널리 알려왔다. 한편 시칠리아 출신의 피오레는 어릴 적부터 부모님의 레스토랑을 드 나들며 요리를 했고, 그의 온 감각에 시칠리아의 맛이 각인되어 있다. 두 사람은 이곳 츄리츄리에서 시칠리아 본연의 맛에 집중 하고, 시칠리안의 삶을 음식으로 말하고자 한다.

---

* 한국에서 파인 다이닝, 정통 이탈리아 레스토랑, 정통 이탈리아 피자, 와인 바 부문을 각기 한 곳씩 선정한다. 파인 다이닝은 포크, 정통 이탈리아 부문은 빨간 새우(감베로 로소를 번역 하면 '빨간 새우'다), 피자는 조각피자, 와인 바는 와인 잔 그림의 개수로 해당 업장의 등급을 나타낸다.

아늑한 옛집에서 맛보는 이탈리안 요리
더 브릭하우스

📍 부산 부산진구 부전로 152번길 70

📞 0507-1400-7749

📷 @thebrick_italian

🍴 파파르델레, 마르게리타

부산 서면 하고도 부전시장 근처는 구도심의 분위기가 물씬한 동네다. 처음 가봤는데도 어딘가 낯익은 골목 한편에는 나이 지긋한 어르신들이 자리를 잡고 앉아 낮술을 기울이는 실비집*이 그득하다. 그 오밀조밀한 풍경 속에 눈길을 끄는 양옥 하나가 있다. 겉모습은 단아한데, 풍기는 냄새가 예사롭지 않다. 정체는 이탈리안 레스토랑, 더 브릭하우스The Brick House다. 머리를 포니 테일로 곱게 묶은 셰프 김철민은 본래 영화를 전공했지만 이탈리아 음식에 대한 호기심 때문에 돌연 로마로 떠났고, 그곳에서 요리를 공부했다. 한국에 돌아와서는 아이를 위해 바다가 있는 부산에 정착해 이곳에 식당을 열었다. 어느덧 셰프가 된 영화학도는 자신의 예술가 기질을 음식에 풀어 놓는다.

　　애피타이저인 스키아치아타schiacciata부터 맛본다. 밀가루 반죽에 소금과 올리브오일, 그리고 로즈메리만 더해 맛을 낸 식전 빵이다. 반죽만 봐도 발효와 숙성이 얼마나 잘 됐는지 짐작할 수 있는데, 이 스키아치아타만으로도 와인 한 병을 한자리에서 다 비울 수 있을 것 같다. 피자에서 반죽은 치즈와 토마토소스에 가려져 주목을 받기 어렵지만, 스키아치아타는 셰프의 기본기, 특히 반죽 실력을 여과 없이 자랑할 수 있는 메뉴다. 직접 만든 파파르델레Pappardelle 면을 이

---

* 술과 음식을 값싸게 파는 선술집. 음식을 만드는 데 드는 '실질적인 비용'만 값으로 매긴다고 해서 붙여진 이름이다. 요즈음 언어로 표현하면 '가성비 포차'쯤이 될 것이다.

용한 소꼬리 라구 파스타는 '오늘의 메뉴'다. 파파르델레는 1.5~2cm 정도로 넓은 페투치니, 아니 차라리 좁은 라자냐라고 생각해도 좋다. '파파르Pappare'란 이탈리아어로 '게걸스럽게 먹다'의 의미를 갖는데, 과연 이름값을 제대로 한다. 삶으면서 잘게 부스러진 소꼬리의 살코기가 넓은 면적의 파스타에 착 달라붙는다. 포크로 한 입 떠 넣으면, 부드러운 육향이 깃든 소스가 꼬들꼬들한 식감의 파파르델레 면과 한 몸이 된 듯 혀에 감기는 것을 느낄 수 있다. 시간과 정성으로 빚어낸 맛이다.

셰프가 추구하는, 사소하지만 확실한 디테일은 절로 미소를 짓게 한다. 토마토소스에 모차렐라 치즈, 그리고 몇 장의 바질 잎을 올린 마르게리타 피자는 가장 단순한 방법으로 단단한 완성도를 이룬 메뉴다. 숙성 반죽은 여기서도 풍미의 한 끗을 더한다. 화덕 속에서 90초 동안 타오르는 나무 향을 입고 빵빵하게 부푼 이 반죽은 탄성 또한 훌륭하다. 슬쩍 누르면 금세 쏙 하고 올라오니, 먹기 전부터 손끝이 먼저 설렌다. 한국 사람들이 탄 맛을 꺼린다지만, 훈향 짙게 밴 크러스트는 이탈리아 음식 본연의 구수함을 제대로 보여준다. 겨울비가 내리는 앞마당, 누런 잔디가 쓸쓸해 보인다. 연둣빛 새싹이 돋는 봄이 오면 이곳의 맛이 그리울 것 같다. 그땐 프로세코Prosecco*한 잔을 천천히 비우며 오래 머물러야겠다.

• 이탈리아 베네토 지역에서 제조하는 화이트 스파클링 와인.

이탈리아가 공인한, 가치로운 맛

오스테리아문

📍 **1호점** 충북 청주시 북문로2가 116-158 **2호점** 광주 서구 마륵로 67
📞 **1호점** 043-222-1117 **2호점** 062-374-2427
📷 @osteria_moon
🍴 티본스테이크, 오소부코, 리소토

세상에는 맛있는 음식을 파는 레스토랑은 많지만, 자신만의 철학을 지닌 곳은 드물다. 청주의 이탈리안 레스토랑 오스테리아문Osteria Moon은 훌륭한 요리를 선보이는 동시에 올곧은 가치를 추구하는, 흔치 않은 공간이다. 오너 셰프 김문현은 청주에서 나고 자랐다. 누구보다 청주의 식재료를 훤히 꿰고 있다는 뜻이다. 조리법은 이탈리아 전통 방식을 따르되, 식재료만큼은 가능한 대로 충청도 땅 안에서 공수하겠다는 게 그만의 철칙이다. "충청도의 자연환경이 이탈리아의 움브리아와 닮았거든요." 셰프의 설명이다.

오스테리아문이 지향하는 공동체적 가치는 한발 더 나아간다. 2018 평창 동계패럴림픽 이탈리아 국가대표팀 조리장으로 일한 전력이 있는 셰프는 모든 이들이 평등하게 맛의 즐거움을 누릴 수 있도록 '미식 나눔 프로젝트' 자원봉사도 이어가고 있다. 단단한 요리 철학과 의미 있는 행보 덕분일까, 오스테리아문은 이탈리아 정부가 선정하는 전 세계의 정통 이탈리아 음식점 '오스피탈리타 이탈리아나Ospitalità Italiana'로 공인되기도 했다.

건강한 철학만큼 건강한 음식을 맛볼 때다. 직접 개발한 그릴에 구워 낸 티본스테이크는 풍부한 육즙과 숯향을 제대로 가뒀다. 진천 숯으로 조리한 옥산 소고기 채끝구이는 향미가 남다른데, 지방 없이 담백한 소고기의 질감과 은은하게 입안에서 퍼지는 트러플 내음이 조화롭다. 12시간 저온 조리한 오소부코osso bucco(송아지 정강이 뼈 고기에 토마토소스를 얹은

요리)와 샤프란의 향이 그윽하게 밴 리소토도 감탄을 연발하게 한다. 충청도 쌀로 이처럼 완벽한 알 단테를 완성하다니! 톡톡, 하고 밥알 씹는 재미가 쏠쏠하다. 이탈리안 디저트를 놓칠 순 없으므로 여기서 지치면 안 된다. 티라미수, 레몬, 올리브오일로 만든 젤라토로 화사한 마침표를 찍는다. 시작부터 끝까지, 한 톨도 놓치고 싶지 않은 식사다.

제철 재료로 수놓은 젤라토의 세계

델젤라떼리아

한 걸음 더

📍 서울 서초구 방배로28길 19
📞 070-8860-0510
📷 @del_gelateria
🍽 컵, 박스(스몰, 미디엄, 라지)

지중해의 태양이 강렬하게 내리쬐는 이탈리아의 여름날, 거리를 지나는 사람들의 손에 모두 젤라토가 하나씩 들려 있다. 아이, 어른 할 것 없이 젤라토를 먹기 위해 상점 앞에 긴 줄을 이루며 기다리는 풍경도 볼 수 있다. 형형색색으로 수놓은 진열장 앞, 굵은 곡선을 이루며 구름처럼 넘실거리는 젤라토의 향연은 행인들의 걸음을 멈추게 만든다. 곱디고운 반죽처럼 흘러내리는 젤라토. 언뜻 보기에는 녹은 것처럼 느껴지지만, 막상 입안에서 굴려 보면 쫀쫀한 조직감이 살아 있다.

방배동의 작은 골목, 델젤라떼리아Del Gelateria가 그림처럼 자리한다. '진짜 젤라토'를 배우기 위해 볼로냐에서 유학했다는 주인장이 활짝 웃으며 손님들을 반긴다. 상호의 '젤라떼리아gelateria'는 젤라토를 파는 곳을 뜻하는 이탈리아어다. 그 앞에 붙은 '델Del'은 이탈리아어 전치사 'di'와 정관사 'il'의 결합형이지만, 이곳에선 꿈꾸고 먹고 사랑하라(Dream, Eat, Love)는 뜻의 중의적 의미를 지닌다. 이곳에서는 이탈리아인들에게 가장 널리 사랑 받는 젤라토를 맛볼 수 있다. 스트라치아텔라stracciatella(초콜릿칩이나 쿠키를 섞은 바닐라 젤라토), 다크초콜릿, 그리고 리소riso(쌀)가 그 주인공. 한국의 제철 식재료를 사용해 만든 흑임자, 머루포도, 보우짱(500g 전후의 작은 밤호박 종자) 등의 새로운 맛도 즐길 수 있다. 이곳에서 선보이는 젤라토의 맛은 무한히 다채롭다.

한 컵에 2가지 맛을 골라야 하는데, 도저히 쉽지가 않다. 우리가 익히 알고 있던 일상의 식재료들이 차갑고 달콤한 젤라토로 다시 태어나다니. 직접 눈으로 보고 입으로 맛보는 데도 신비로울 따름이다. 색깔만으로 골라 먹고, 혀끝으로 원재료를 맞혀보는 것도 이곳에서만 느낄 수 있는 쏠쏠한 재미다.

+ 젤라토, 아이스크림과 어떻게 다를까?

가장 큰 차이는 재료, 공기, 온도다. 우유, 설탕, 크림을 기본 재료로 한다는 점에서 둘은 비슷하지만, 젤라토는 크림의 양에 비해 우유를 더 많이 사용하고 달걀노른자는 사용하지 않는다. 하나 더. 공기의 양이 부드러움을 좌우하므로 젤라토는 공기와 접촉하며 치대는 과정이 필수적이다. 결과적으로 공기구멍이 없고, 부드럽되 쫀득쫀득한 질감을 지니게 된다. 보관 온도의 경우 아이스크림은 약 -20도 , 젤라토는 -13도 정도가 적당하다. 너무 온도가 낮으면 젤라토 예의 부드러움과 쫀쫀한 질감이 반감된다.

지친 영혼을 달래는 달콤함

아이엠티라미수

한
걸
음
더

📍 서울 마포구 동교동로 17길 67-2

📞 0507-1434-9966

📷 @iamtiramisu_seogyo

🍴 티라미수(오리지날레, 알테베르데 등)

오래전, 이탈리아 친구가 귀띔해준 '찐' 티라미수 상점이 있었다. 당장 달려갈 수 없었던 것은 위치 때문이다. 전주 객사 근방에 첫 둥지를 틀었던 아이엠티라미수I am Tiramisu는 이탈리아 국립미술원에서 무대예술을 공부하다가 티라미수와 사랑에 빠지게 된 파티셰 심규리가 운영하는 곳으로, 그가 5년 전 남편과 함께 전주에 정착하면서 지금의 모습으로 꾸려지게 됐다. 언제쯤 가보려나 싶었는데, 마침 전주대학교에서 특강을 하게 되어 벼르고 벼르던 방문에 성공했다.

4가지의 티라미수 메뉴 중 기본형의 오리지날레Originale를 주문해 본다. 숟가락 모양의 테두리 바깥으로 소복하게 뿌린 카카오파우더 아래, 샤보이아르디 쿠키(여인의 손가락처럼 생겼다고 해서 '레이디핑거'라는 이름으로도 불리는 이탈리아 전통 쿠키)와 마스카포네 치즈가 켜켜이 들어차 있다. 발로나 카카오파우더와 반케리 블루커피 에스프레소를 사용해 깊은 초콜릿의 풍미가 흐드러지는 것은 물론, 이탈리안 디저트 고유의 달콤함을 그대로 재현했다. 정통 방식 그대로 마스카포네 치즈에 신선한 달걀을 더해 점도를 조절했고, 덕분에 꾸덕꾸덕한 본토 티라미수의 질감이 그대로 살아 있다.

"마음을 담아 정성껏 만들어낸 디저트라면, 먹는 이의 마음을 어루만질 수 있지 않을까요?" 심규리의 말이다. 티라미수의 어원은 이탈리아어로 '끌다'를 뜻하는 '티라레tirare'와 '나'를 뜻하는 '미mi', '위'를 뜻하는 '수su'의 합성어다. 영어식으로 표현하면 'cheer me up(나를 응원하다)', 우리식으로 말하면 '나를 끌어올리다'. "티라미수는 기쁠 때, 우울할 때, 혼자일 때, 언제나 저와 함께한 소울 푸드였어요. 유학 시절, 친구들과 함께라면 더더욱 빠트리지 않고 챙겼던 단짝이죠." 그의 말처럼, 티라미수는 영혼을 어루만지는 음식이다. 먹다 보면 금세 달콤함에 빠져들어 우울감도 잊게 되니까. 어느 순간엔 위안이 필요해서 먹었던 건지 맛있어서 마냥 먹고 있는지 헷갈리기도 하는데, 무슨 상관이랴.

추억에 젖어 아이엠티라미수의 소식을 따라가 보니, 어느새 전주에서 서울로 이전을 했다고 한다. 망원역 근방에 새 둥지를 튼 아이엠티라미수의 모습이 궁금해진다. 위로가 간절해지는 날 다시 찾아가봐야겠다.

나폴리 피자의 세계
Pizza Napoletana

어느 도시가 이탈리아의 색깔을 가장 잘 나타내는지 묻는다면 대부분의 사람들은 밀라노, 베네치아, 피렌체, 로마를 떠올릴 것이다. 하지만 나폴리를 빼놓을 수 있을까? 베수비오 산맥의 그늘 아래 펼쳐진 아말피 해안, 그곳에 자리한 고대 도시이자 항구도시인 나폴리는 길들여지지 않은 길고양이처럼 조금은 분방하고 터프한 분위기가 깃든 땅이다. 놀랍게도 이곳은 이탈리아에서 미쉐린 스타 레스토랑이 가장 많은 도시로, 오늘날 피자의 원형이 탄생한 본고장이기도 하다.

나폴리 피자는 왜 맛있을까?

나폴리 피자는 밀가루의 종류부터 화덕의 온도까지 매우 세세하고 엄격한 기준을 준수하며 전통을 이어오고 있다. 재료(밀가루와 토마토 등), 만드는 법, 화덕의 종류에 이르는 모든 비법은 장인에서 장인으로 대를 이어 전수된다.

나폴리 피자의 가장 독특한 매력은 크러스트다. 사실 이탈리아 내에서도 지역별로 크러스트의 형태와 맛은 천차만별이다. 핀사pinsa라 불리는 로마식 피자는 얇은 형태로 크래커처럼 바삭하고, 시칠리아식 피자인 스핀치오네sfincione는 식빵처럼 두툼하고 네모진 만듦새다. 그에 비해 나폴리 피자의 크러스트 반죽은 조금 엄격한 편인데 특정한 종류의 밀가루(타입 "00" 또는 타입 "0")만을 허용하며, 나폴리 자연 효모, 물과 소금만 더할 수 있다. 반죽이 완성된 후에 피자의 모양을 만들 때는 밀대와 같은 어떤 도구도 쓸 수 없으며 반드시 손으로만 빚는다. 두께는 3mm를 유지해야 한다. 피자를 구울 때는 나무 장작을 때는 화덕을 이용해야 하고, 온도는 485도, 굽는 시간은 60~90초 안팎이어야 한다. 이렇게 완성된 나폴리 피자는 화덕의 열기가 느껴지듯 거뭇거뭇한 자리가 있지만 부드럽고 쫄깃하고 구수한 장작의 향이 그대로 살아있다.

크러스트 위에 올라가는 재료도 중요하다. 그중 부팔라 모차렐라는 나폴리가 속한 캄파니아Campania 지역 특산물로, 나폴리 피자의 핵심 재료 중 하나다. 물소로 만든 부팔라 모차렐라는 여느 레스토랑에서 쓰는 '피자 치즈'와 매우 다르다. 부팔라 모차렐라는 작은 공의 모양으로 제조되며, 조각 내기 위해 칼을 사용하는 대신 피자 위에 잘게 찢어 토핑하는 것이 특징이다. 알고 보면 '모차렐라mozzarella'라는 단어는 '손으로 찢다'는 뜻의 이탈리아어 모차레mozzare에서 왔다는 사실. 재료의 정통성은 물론이고, 소스를 올릴 때도 선조들의 방식은 이어진다. 오늘날 나폴리에서도 가장 클래식한 피자 전문점을 자처하는 곳들은 베수비오 산의 경사면에서 자라는 산 마르사노San Marzano산 토마토만을 사용하고, 전통에 따라 토마토 소스와 올리브오일을 시계 방향으로 붓는다.

마리나라 vs. 마르게리타

피자의 유래는 10세기로 거슬러 올라간다. 최초의 정통 나폴리 피자인 마리나라marinara는 세계에서 가장 오래된 피자 가게로 알려져 있는 안티카 피체리아 포르트알바Antica Pizzeria Port'Alba에서 1830년부터 만들어지기 시작했다. 마리나라라는 이름은 이탈리아어로 선원을 뜻하는 '마리나이오marinaio' 에서 파생됐다. 드넓은 바다를 항해한 후 뭍으로 돌아온 가난한 선원들은 값싼 음식으로 배를 채워야 했는데, 이때 토마토소스, 마늘, 올리브오일이 올라간 피자 파이 한 장은 이들의 허기를 달래기에 더할 나위 없는 음식이었다. 그러니까, 피자의 시작은 가난한 이들의 음식이었다는 것이다.

치즈와 다양한 토핑이 올라간 오늘날 피자의 원형은 나폴리에서 19세기 후반에 만들어졌다. 모양도 크기도 여러 가지, 토핑도 무한히 변주되는 현대 피자와 달리 나폴리 피자의 모양은 단순하기 그지없다. 1889년 이탈리아의 왕비 마르게리타Margherita가 나폴리를 방문했을 때 피자 장인이 3가지의 다른 피자를 만들어 선보였는데, 그중 물소의 젖으로 만든 모차렐라 치즈와 토마토, 바질이 올라간 피자를 가장 마음에 들어했다고 전해진다. 식재료의 색깔이 빨강, 흰색, 초록으로 이탈리아 국기를 상징했고, 그후 이런 형태의 피자를 일컬어 '피자 마르게리타Pizza Margherita'라고 부르기 시작했다.

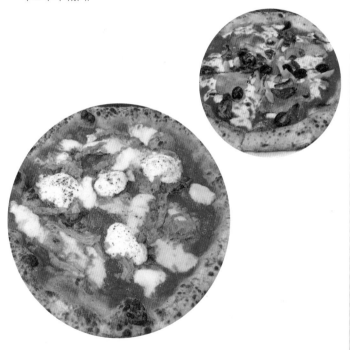

AVPN & APN 인증이 있어야 진짜 나폴리 피자!

2009년, 더 키친 살바토레 쿠오모The Kitchen Salvatore Cuomo 가 나폴리피자협회의 인증 타이틀인 베라 피자 나폴레타나Associazione Vera Pizza Napoletana(이하 AVPN)를 한국 최초로 받으면서 국내 1호 정통 나폴리 피자 전문점이 됐다. 한국의 새로운 피자이올리들은 대개가 아시아의 나폴리 피자 대부, 살바토레 쿠오모에게 비법을 전수 받는다. 살바토레 쿠오모로부터 견습한 이들 중 서울 숲 인근에 자리한 핏제리아 다 로베는 이미 전국구로 유명한 피체리아가 된 지 오래다. 나폴리피자장인협회Associazione Pizzaiuoli Napoletani(이하 APN) 한국지부 또한 국내 에서 나폴리 피자의 문화와 역사를 홍보하기 위해 노력하고 있다.

VPN 인증을 받은 레스토랑

빠넬로 ◎ 서울 마포구 어울마당로5길 29 건우상가주택
베라피자나폴리 ◎ 서울 용산구 이태원로 272 SPC빌딩
피제리아 볼라레 ◎ 서울 서초구 사평대로20길 8 성훈빌딩
피제리아 B 6ix ◎ 경기 광주시 도척면 도척윗로 278
피제리아 다 알리 ◎ 대전 유성구 지족로349번길 40-5
지오네 ◎ 대구 중구 동성로5길 72-1
주토피아 ◎ 대구 중구 동덕로30길 141
피아노 레스토랑 ◎ 강원 동해시 동해대로 6270-18

APN 인증을 받은 레스토랑

스파카나폴리 ◎ 서울 마포구 양화로6길 28
로쏘 1924 ◎ 서울 마포구 홍익로 29 1층
마리오네 ◎ 서울 성동구 성수이로12길 15 1층
피제리아 라고 ◎ 서울 송파구 백제고분로41길 39
경일옥 ◎ 서울 중구 을지로16길 2-1
포폴로피자 ◎ 경기 고양시 일산동구 정발산로 43-20 센트럴플라자 102호,103호
다로베 ◎ 서울 성동구 서울숲길 48 삼호빌딩 1층 / 서울 강남구 선릉로 757 1층
빠델라디파파 ◎ 경기 용인시 기흥구 구성로279번길 10

아시아 '피자이올로'의 대부, 살바토레 쿠오모

"나폴리 피자의 가장 특별한 점은 처음부터 끝까지 모든 것을 손으로 만든다는 것입니다. 나폴리 전통 화덕에서 반죽, 재료, 먹는 행위에 이르기까지 모두 손으로 처리되니까요."

피자이올로pizzaiolo. 피자 장인이라는 뜻의 이탈리아어다. 아시아에 최초로 나폴리 스타일의 피자를 선보인 대표 피자이올로, 살바토레 쿠오모Salvatore Cuomo는 현재 한국과 일본, 필리핀에 80여 곳의 레스토랑을 운영하고 있다. "나폴리 피자를 굽는 화덕이라면 반드시 전문 장인이 만든 것이어야 한다는 게 철칙입니다. 실제로 현지에서 화덕은 베수비오 화산의 돌로 만들어집니다."

피자 말고 핀사!
까사디노아

한 걸음 더

📍 제주 서귀포시 안덕면 대평로 42
📞 064-738-1109
📷 @casadinoa_jeju
🍴 알오리지네, 라클라시카

놀랍게도 한국은 여러 가지 스타일의 피체리아를 거느린 나라다. 뉴욕과 나폴리는 물론, 디트로이트식 피자까지 맛볼 수 있으니 말이다. 우리가 지금 주목하려는 것은 피체리아가 아니라 '핀세리아pinseria'다. 한국에는 단 하나의 핀세리아, 까사디노아Casa di Noa가 있다. 위치는 무려 제주도 서귀포시다. 오래전 서울 연남동에서 이름을 알렸던 동명의 레스토랑을 기억하는 이들이라면 매우 반가울 텐데, 오너 셰프 다비드 디 메오Davide Di Meo가 고향에서 재충전의 시간을 가진 뒤 한국으로 돌아와 문을 연 새 레스토랑이 바로 이곳이기 때문이다. 잠깐, 핀세리아가 뭐라고?

핀사pinsa는 '펼침'과 '확장'을 뜻하는 라틴어 '핀세르pinsere'에서 왔다. 고대 로마에서 즐겼던 간식의 이름이며, 오늘날 '로마식 피자'로 널리 통용되는 음식이다. 그렇다면 핀사는 어떻게 피자가 아닌, 핀사로서 명맥을 이어오고 있을까? 핀사를 핀사답게 만드는 핵심 요소는 타원형의 모양과 '겉바속촉'의 촉감이다. 정통 핀사의 반죽은 밀가루, 쌀가루, 콩가루, 그리고 이스트를 반드시 포함해야 한다. 까사디노아에서는 이 4가지 재료로 만든 반죽을 3일간 발효시킨 덕분에 피자보다 산뜻하고 소화시키기에도 쉽다. 때문에 피자와 달리 맛있는 핀사는 반죽에 힘을 준다. 소스나 토핑에 기대지 않고 오직 밀과 쌀의 고소한 풍미로 승부를 보는 패기, 그것이 핀사의 매력이다.

까사디노아에서는 10가지 메뉴의 핀사를 맛볼 수 있다. 뭘 선택하든 후회할 일은 없다. 날카로운 '첫입'의 바삭바삭한 촉감이 당신의 미각 세포를 깨울 테니 말이다. 오너 셰프 다비드는 첫 핀사의 추억을 이렇게 술회한다. "핀사를 처음 맛보던 날, 이 바삭바삭한 씹는 맛에 매료됐다니까요." 까사디노아의 위치도 핀사의 맛만큼이나 절묘하다. 가게에서 고작 100m 떨어진 곳엔 드넓은 안덕면 앞바다가, 뒤편에는 한라산의 유려한 풍광이 펼쳐지니 말이다.

Spain
Great Britain
Germany
Poland
Czech
Sweden
Greece

유럽 7개국 배낭 여행

스페인
영국
독일
폴란드
체코
스웨덴
그리스

카탈루냐의 자부심
더 셰프

📍 서울 용산구 백범로77길 31
📞 070-8845-7494
📷 @the_xef
🍴 파에야, 피데오, 타파스

효창공원 근방은 미식 불모지였다. 적어도 스페인식 개스트로펍gastropub, 더 셰프The Xef가 들어서기 전까진 확실히 그랬다. 셰프 마누엘 만사노 호드리게스Manuel Manzano Rodriguez에게는 오히려 이곳의 외딴 입지가 더 매력적이었단다. "낯선 곳에서 좋은 와인과 맛깔스러운 음식을 즐기도록 연출하고 싶었거든요. 일상의 묵은 시름을 이곳에서 씻어낼 수 있길 바라면서요."

바르셀로나에서 나고 자란 그는 매일 새벽 5시에 일어나 빵 굽는 냄새로 손주를 깨웠던 할아버지의 바지런함, 대가족을 먹여 살린 어머니의 음식 솜씨, 뱃사람이었던 아버지의 방랑 기질을 물려받은 빼어난 셰프다. 무엇보다 카탈루냐 사람으로서의 자부심이 대단하다.

호드리게스 셰프는 16세부터 마드리드와 발렌시아 등지에서 요리 경력을 쌓았으나, 카탈루냐인이라는 정체성과 고향에 대한 애정을 음식으로 표현하고자 한다. 이를테면 파에야paella는 스페인 발렌시아 지역의 음식으로 알려져 있지만, 발렌시아의 카스텔로에 맞닿은 카탈루냐의 타라고나에서 유래한 오징어 먹물 파에야를 현지의 맛 그대로 재현하는데, 생명력 넘치는 풍미가 한껏 살아 있다. 조금 특별한 걸 시도하고 싶어 하는 미식가들을 위해 피데우아fideuà도 마련한다. 파에야의 쌀을 얇은 파스타 면인 피데오fideo로 치환한 요리인데, 씹는 맛이 인상적이다.

스페인식 핑거푸드인 타파스tapas도 반드시 맛봐야 한다. 본래 타파스는 '덮다'는 뜻을 지닌 동사 타파르tapar에서 왔다. 타파스가 덮는 것은 대개 맥주잔이나 와인잔이고, 그 유래는 크게 두 갈래로 나뉜다. 하나는 먼 옛날 왕의 잔은 주로 스페인식 소시  지인 초리소chorizo로 덮여 있었는데, 누군가 독을 타지 않도록 막기 위해서라는 것. 또 다른 설은 날파리가 잔에 꼬이지 않도록 무언가로 덮어야 했다는 것. 스페인에서는 아주 적은 양의 타파스를 8~10개 정도 주문해 놓고 오랫동안 술을 마시는 것과 달리, 한국에서는 푸짐한 음식을 나눠 먹으며 잔을 기울이곤 한다. 때문에 더 셰프에서는 한국인 맞춤형으로 온전한 양의 타파스를 선보인다. 새우와 마늘을 올리브오일에 끓인 감바스 알 아히요Gambas al Ajillo와 특제 소스와 치즈를 올린 감자튀김인 파타타스 브라바스Patatas Bravas가 대표적인 시그니처 타파스 메뉴. 최고급 하몽과 초리소, 치즈를 얹어내는 정통 플레이트Plato de Embutidos나 구운 가리비와 등심을 얹어내는 핑거푸드 비에이라 콘 로모Vieiras con Lomo도 다채로운 감칠맛으로 넘실거린다.

이토록 뜨거운 바스크의 밤

엘초코 데 떼레노

📍 서울 용산구 독서당로 73
📞 02-792-5585
📷 @el_txoko_official
🍴 풀포, 코치니요

문을 열고 들어서자 코끝까지
'훅' 밀려드는 음식 냄새. 숯불 위
로 연기를 뿜어대며 격렬하게 퍼
지는 '불향'은 누구도 버티기 힘든
유혹이다. 스페인 바스크 지방의 음식을 선보이는 공간, 엘
초코 데 떼레노El Txoko de Terreno에 첫발을 들이던 순간도 그
랬다.

엘초코 데 떼레노에 대해 얘기하려면 북촌에 위치한 스
페인 레스토랑 떼레노Terreno를 먼저 언급해야 한다. 상호의
'떼레노Terreno'는 스페인어로 땅을 의미한다. 여기엔 땅에서
수확한 싱싱한 식재료를 스페인식 요리법으로 표현하겠다
는 셰프의 야심이 깃들어 있다. 주방을 맡고 있는 신승환 셰
프는 을지로에서 음식점을 운영했던 할머니의 유전자를 이
어받았다. 그는 요리 유학을 위해 호주와 두바이를 거쳐 스
페인 바스크 지방에 머물렀는데, 그곳에서 재료의 한계를 벗
어나는 새로운 경험을 하게 된다. 스페인 북부와 프랑스 남
부 지방의 국경 지역에 위치한 바스크 지역은 스페인에서도
고유의 문화를 지닌 고장이다. 바스크인들은 자신들의 민족
성과 언어, 그리고 음식에 큰 자부심을 갖고 있다. 바스크의
셰프들에게는 지역사회 내에서 다양한 채소를 공수하는 것
은 물론, 사냥한 고기(게임미트game meat)를 사용한다거나, 갓
잡은 해산물로 요리하는 일이 곧 일상이었다. 이때의 경험은
옥상 텃밭과 충청도 공주의 농장에서 기른 작물을 식재료로

쓰는 팜투테이블farm-to-table* 레스토랑으로서의 정체성을 확립하는 데 큰 영향을 미쳤다.

엘초코 데 떼레노는 우아하고 싱그러운 '팜투테이블 다이닝'을 지향하는 떼레노에서 미처 소화하지 못한, 자유분방하고 위트 넘치는 바스크의 식문화를 펼쳐 보이는 공간이다. 이를테면 식재료의 특성을 조금 더 자유롭게 표현할 수 있는 어린 양이나 새끼돼지(코치니요) 바비큐 같은 메뉴를 선보이는 식이다. 맨 처음 테이블에 오르는 빵에서부터 엘초코 데 떼레노의 지향점이 물씬 느껴진다. 숯불에 살짝 그을린 뜨끈한 빵을 내는데 겉은 바삭바삭해서 시골집 숯가마의 누룽지 같은 고소함이 느껴지고, 속은 포근하면서도 쫄깃한 질감으로 혀끝을 감싼다. 본격적으로 먹을 준비가 되었다면 올리브 오일과 식초에 절인 구운 양파와 파프리카로 시작하는 것이 좋다. 그 위에 안초비와 고수를 살짝 얹으면 카바cava(스페인산 발포성 와인)를 절로 부르는 최고의 조합이 된다. 기분 좋은 취기가 몸을 감싸기 시작할 즈음, 스페인식 문어 요리 풀포pulpo가 테이블에 오른다. 감자를 얇게 저며 튀긴 칩을 살짝 들어 올리니 커다란 빨판이 달린 문어 다리가 나타난다. 쫄깃하게 씹히는 한국의 문어 숙회와는 달리 부드럽게 녹아 내리는 것이 풀포의 매력이다.

---

* 농장에서 갓 수확한 싱싱한 재료를 요리해 테이블에 내는 레스토랑, 혹은 그러한 지향점.

　눈치챘겠지만 스페인 바스크 지방은 숯불에 구워 내는 조리법을 즐긴다. 때문에 생선구이나 스테이크는 반드시 맛봐야 후회가 없다. 간단히 카바나 한잔 할까, 했던 마음은 이내 옆자리 테이블에 오르는 도미구이를 보며 쿵쿵거리기 시작한다. 도미를 직화 오븐에서 타지 않도록 조심스레 여러 번 뒤집고 나면(집에서 생선 한 번이라도 구워본 사람은 알 텐데, 생선이 부서지지 않도록 형태를 유지하는 일은 퍽 고되다) 부드러운 마늘 소스와 올리브오일이 겉면에 촉촉히 스며든다. 껍질은 불에 바싹 익고, 속은 도톰한 어육으로 포근하다. 소스와 함께 한 술 크게 떠 먹으면, 그 맛을 영원히 잊지 못할 것이다. 살이 많은 도미는 자칫 쫄깃한 맛이 날 수 있는데, 격렬한 불꽃이 휘감은 이 도미는 소스와 함께 입에서 사르르 녹아 없어진다.

디근자 모양의 바 좌석이 널찍한 오픈 키친을 감싸고 있기에, 어느 자리에 앉아도 주방장의 머리 위로 솟아오르는 커다란 불꽃과 맛있는 음식이 탄생하는 직화 오븐을 감상할 수 있다. 배부르게 식사를 마친 뒤에도 온몸 구석구석에 '불맛'이 은은하게 남아 있다.

+ 스페인 바스크 지방에서 술 마시는 법
스페인에서 간단히 집어 먹을 수 있는 안주를 타파스라고 할 때, 바스크 지방에서는 이를 핀초스라 이른다. 맥주와 마셔도 좋지만, 카바와 함께라면 금상첨화다. 카바는 스페인에서 생산되는 발포성 와인이다. 이 같은 와인을 독일에서는 젝트sekt, 이탈리아에서는 스푸만테spumante, 프랑스에서는 크레망crement이라 부른다. 프랑스에서도 상파뉴 지방의 것에만 샴페인champagne의 칭호를 붙일 수 있다.

구움 과자의 사랑스러운 맛
스코프 베이크하우스

📍 1호점(부암동점) 서울 종로구 부암동 278-5
　2호점(서촌점) 서울 종로구 필운대로5가길 31
📞 1호점 070-7761-1739 2호점 070-7761-1739
📷 @scoffbakehouse
🍴 스콘, 오렌지 케이크, 브라우니

스코프 베이크하우스(이하 스코프)가 부암동에 처음 문 열었던 순간을 기억한다. 인적 드문 도로변에 자리한 작은 가게에는 앉을 자리 하나 없었고, 그 앞을 지나는 행인들은 모두 '이래서 장사가 될까?' 하는 의구심을 감추지 못했다. 쓸데없는 노파심이었다. 영국식 달다구리와 구움 과자를 먹기 위해 전국 방방곡곡에서 몰려온 손님들이 날마다 문전성시를 이뤘다. 스코프의 오너 베이커 조너선 타운센드Jonathan Townsend는 한국에 영국식 베이커리라는 낯선 문화를 성공적으로 이식한 장본인이다. 부암동에 성공적으로 안착한 스코프가 서촌에 두 번째 가게까지 낼 수 있었던 건 그의 놀라운 솜씨 덕이었다. 부암동 손님들은 서촌까지 따라가 스콘, 오렌지 케이크, 브라우니와 블론디blondie(브라우니와 유사하나 초콜릿 대신 설탕과 바닐라를 넣어 구운 과자다), 그리고 핫 크로스 번hot cross bun(윗면에 십자 모양을 새겨 구운 발효 과자)을 맛보고, 열렬히 환호했다. 아무리 여러 번 방문해도 종류가 많아서 늘 새로운 메뉴를 시도할 수 있는 건 이곳을 더 특별하게 만든다.

그래도 대표 메뉴를 꼽자면 소시지 롤을 가장 먼저 언급해야겠다. 영국에서 소시지 롤은 1800년대부터 길거리 음식으로 인기를 끌어온 '국민 간식'이다. 얄팍하고 촉촉한 페이스트리에 폭 싸인 후추 향 소시지가 조화로운 맛을 낸다. 영국에서는 차게도, 뜨겁게도 즐긴다고 한다. 연말연시가 되면 가게는 더 많은 손님들로 붐빈다. 가장 인기 있는 성탄 특별

메뉴는 단연 민스파이mince pies다. 건과일, 향신료, 수이트 suet(주로 소와 양에서 얻는 흰 고체 지방)로 민스미트mincemeat(민스파이의 소)를 만들어 굽는 파이인데, 한 입 베어 물면 향긋한 겨울의 맛이 난다.

잉글리시 브렉퍼스트의 진수

진저앤트리클

📍 경기 고양시 일산동구 일산로 441번길 41-17

📞 0507-1322-7514

📷 @gingerandtreacle

🍴 잉글리시 브렉퍼스트

흥미로운 레스토랑을 따라가보면 "한국에 없으니, 내가 직접 한다!"는 결심으로 출발한 공간이 꽤 많다. 한국에 사는 영국인 미식가, 마크 고메즈도 비슷한 생각을 갖고 있었다. 2019년, 고양시 일산동구에 문을 연 진저앤트리클Ginger & Treacle은 영국식 소시지와 햄을 기반으로 다양한 방식의 유러피언 캐주얼 다이닝을 선보인다. 관찰레, 살라미, 소시지, 베이컨, 풀드포크 등 샤퀴테리는 물론이고 모차렐라 치즈와 파스타 소스, 과일 청과 잼, 디저트까지 모두 그의 손으로 직접 만든다. 몇 년간 취미를 갈고 닦은 결과라고 하니 놀라울 따름이다.

다양하면서도 특색 있는 메뉴는 이곳의 자랑이다. 특히 한국에 거주하는 영국인 손님들이 열렬히 환호하는 메뉴는 진짜배기 잉글리시 브렉퍼스트다. 영국에서는 '풀 브렉퍼스트Full Breakfast'라 일컫는데, 하나의 접시에 베이컨, 소시지, 달걀, 블랙푸딩(선지 소시지), 베이크드빈baked-beans, 토마토, 버섯, 토스트를 한데 얹어 내어 차 한 잔, 또는 커피와 곁들

여 먹는 것이다. 영국인이 만든 정통 영국식 아침식사를 맛볼 수 있는 곳이 고양시의 한복판이라니. 믿기 힘들지만 사실이니, 부디 직접 일산의 작은 영국을 경험해보길 바란다.

진짜 독일 빵집

더베이커스테이블

📍 **1호점** 서울 용산구 녹사평대로 244-1
    2호점 서울 종로구 삼청로 131
📞 **1호점** 070-7717-3501 **2호점** 02-6456-8631
📷 @thebakerstable_seoul
🍴 브로트, 커리부르스트, 루바브 케이크

독일에 가면 한식당이 많지만 한국에는 독일 식당이 거의 없다. 미스터리다. 독일로 유학, 여행, 출장 가는 사람이 꽤 많은 것에 비하면 이제껏 한국에 변변한 독일 식당 하나 없었다는 사실이 신기하게 느껴진다. 드문드문 '독일 빵집'이라는 상호를 내건 베이커리가 나타나기는 했지만 막상 가서 먹어보면 진짜 독일식 빵은 아니었다. 그러던 중 발견하게 된 더 베이커스 테이블The Baker's Table의 존재감은 놀라웠다. 정통 독일식 소시지와 하트 모양으로 구운 빵, 프레첼 pretzel(미국에서는 스포츠 경기를 즐기면서 먹는 메뉴로 널리 알려진 독일 남부 음식으로, 찬물로 반죽해 담백한 식감을 자랑하는 빵이다)은 그간의 갈증을 말끔히 해소해주었다.

제빵사였던 할아버지로부터 아버지, 그리고 아들까지 이어진 3대 독일 빵집인 이곳의 대표 메뉴는 단연 독일식 빵인 브로트Brot다. 보기엔 투박해도 씹을수록 우러나오는 깊은 맛과 우직한 질감, 고소한 풍미가 매력적이다. 흰 밀가루로 만든 바게트를 위시한 프랑스 빵이 세계적으로 널리 사랑 받을 때, 귀리를 넣어 짙고 거친 외형을 지닌 독일 빵은 '식사 빵'으로서의 저력과 독자적인 개성을 발전시켜왔다. 이곳의 빵은 브런치 메뉴에서 특히 빛을 발하는데, 따끈한 렌틸 콩 수프를 함께 마신다면 더할 나위 없이 완벽한 독일식 한 상이 된다. 커리부

르스트currywurst나 독일 맥주를 곁들여도 좋고.

허기를 달랬다면 새콤달콤한 루바브 케이크rhubarb cake를 맛볼 차례다. 북미나 유럽에서는 섬유질이 많고 새콤한 마디풀과 채소인 루바브를 콩피confit(기름이나 설탕에 절이는 조리법)해 사과나 딸기와 함께 디저트로 즐기지만, 한국의 환경과 식문화에서는 아직 낯선 재료다. 이곳에서 루바브를 처음 경험한다면 새로운 맛에 눈뜨게 될 것이다.

미하엘 리히터

미하엘 리히터Michael Richter는 다섯 살 때 처음 달걀을 섞으면서 아버지와 할아버지의 뒤를 이은 베이커로서의 운명에 발을 디뎠다. 독일에서 빵은 곧 식사를 뜻하는 만큼 고유의 문화와 역사를 이어왔다. 독일의 작은 마을엔 오래된 빵집이 많이 남아 있고, 특히 화학 물질을 넣지 않은 자연식 베이커리가 꾸준한 사랑을 받고 있다. 물론 독일엔 빵 반죽 기계가 보급화되어 있어 많은 이들이 집에서 직접 만들어 구워 먹기도 한다. "아벤트브로트 Abendbrot라는 표현이 있어요. 직역하면 저녁 빵인데, 관용적으로는 저녁 식사란 뜻으로 쓰입니다. 한국에서 밥이 한끼 식사를 뜻하는 것과 같은 맥락이죠. 얼마 전, 독일인 손님의 입을 통해 이 단어를 듣고는 얼마나 반가웠는지 모릅니다."

폴란드 사람처럼 먹는 법
더 아티산

📍 경기도 용인시 수지구 호수로96번길 25
📞 0507-1323-9144
📷 @theartisan.kr
🍴 폴란드 킬바사 소시지, 수제 훈제 베이컨

믿기 힘들겠지만 경기도 용인시 수지구 한복판에 폴란드식 수제 소시지를 만드는 식당이 있다. 폴란드 음식 전문점, 더 아티산The Artisan의 주인장이자 요리사인 바르토시 카치마르치크Bartosz Kaczmarczyk는 폴란드 슐레지엔 지방에서 날아왔다. 한때 호텔 레스토랑에서 셰프로 일했고, 이후 한국 대기업에서 메뉴를 개발했던 그는 이제 자신의 오롯한 브랜드를 내걸고 킬바사Kielbasa(폴란드식 소시지)와 훈연 햄, 주니퍼 소시지, 자우어크라우트, 머스터드, 파테, 그리고 베이컨과 사워도우 빵까지 손수 만들어 판다.

폴란드 요리는 아직 한국 사람들에게 낯설기만 하다. 셰프는 이러한 인식을 변화시키기 위해 폴란드 전통 레시피로 누구나 맛있게 즐길 수 잇는 육가공품과 조미료, 양념을 선보여 왔다. 서유럽의 주된 육가공 방식이 염장인 것과 달리, 폴란드에서는 훈연이 보편화되어 있다. 훈연한다고 해서 미

국처럼 오크나 히코리, 사과나무를 사용하는 것은 아니고 너도밤나무와 배나무를 쓰는 것이 흥미롭다(더 아티산에서도 역시 너도밤나무와 배나무를 사용한다). 폴란드 소시지만의 고유한 풍미는 이 나무들의 향에서부터 만들어지는지도 모르겠다.

폴란드 식문화에서 소시지는 매우 중요한 역할을 한다. 앞서 잠시 언급한 '킬바사 폴스카Kielbasa Polska', 혹은 '폴리시 소시지Polish sausage'라고도 불리는 폴란드 소시지는 종류도, 모양도, 속성도 다양하다. 킬바사는 U자 형태를 가진 폴란드식 소시지로, 폴란드 내에서는 소시지를 일컫는 일반명사로 쓰인다. 훈연한 킬바사는 차갑게도, 따뜻하게도 즐길 수 있으며 식사 메뉴로도, 안주로도 잘 어울린다. 보통 자우어크라우트(양배추를 발효시킨 독일식 피클)를 곁들이는데, 아예 자우어크라우트를 포함한 여러 가지 재료를 냄비에 넣고 뭉근하게 끓인 폴란드식 스튜 비고스bigos로도 널리 사랑 받는다. 카바노스kabanos 또한 빼놓아선 안 될 폴란드 소시지의

한 종류다. 겉은 바삭하고 속은 부드러운 질감을 지녀 완벽한 맥주 안주로 통한다. 폴란드 사람들은 대다수가 애주가인데, 이들은 술을 마실 때면 훈연한 고기와 소시지, 폴란드식 피클과 다양한 먹거리를 곁들이곤 한다. 그러니 폴란드 사람처럼 주안상을 즐기고 싶다면 이들을 조금씩 맛볼 수 있는 소시지 플래터를 주문해 보는 것도 좋은 방법이다.

+ **더 아티산의 재료로 요리하는 법**
경기도 용인의 더 아티산이 하나의 '쇼룸'처럼 음식을 경험하는 공간이라면, 이곳에서의 여운을 더 오래 즐기고 싶은 이를 위한 온라인 델리(smartstore.naver.com/theartisan)도 있다. 더 아티산의 재료로 나만의 폴란드 식탁을 차려 봐도 좋겠다.

체코 맥주에 취하는 밤

프라하펍

⊙ 서울 마포구 와우산로 11길 9-9

📞 02-333-4122

📷 @prahapub_seoul

🍴 맥주, 수제 소시지, 치즈, 굴라시

상수역 뒤꼍의 좁
고 아늑한 골목에서
체코를 만날 수 있다.
체코에서 나고 자란
게오르게 포드히르나
George Podhirna가 현
지의 음식, 맥주, 문화를 나누기 위한 공간인 프라하펍Praha
Pub을 열었다. 그는 프라하펍을 열기 전 2018 평창 동계올
림픽의 체코 선수촌에서 급식을 담당하기도 했다. 보편적으
로 체코 음식은 진한 수프와 스튜, 또는 익힌 채소와 고기를
주식으로 삼는다. 이들은 대개 크림이나 천연 양념을 곁들여
먹는다. 이때 빼놓을 수 없는 것이 바로 체코 맥주다. 필스너
우르켈Pilsner Urquell과 흑맥주의 강자 코젤Kozel이 모두 체코
산 맥주 브랜드라는 사실. 프라하펍에서는 이 먹거리와 마실
거리들을 한자리에서 즐길 수 있다. 프라하펍을 대표하는 메
뉴는 단연 콜레노Koleno로, 흑맥주에 구운 족발 요리다. 콜
레노는 체코 사람들도 한국 사람들 못지않게 족발을 사랑한
다는 확실한 증거가 되어주는 음식이다. 여기 곁들이기 좋
은 메뉴는 굴라시다. 흔히 굴라시는 헝가리 음식이라 여겨
지는데, 꼭 그런 것만은 아니다. 이곳의 맵싸한 특제 굴라시
píkantní guláš vepřový와 체코식 만두knedlíkem는 이곳에서 반
드시 맛봐야 할 메뉴 중 하나다.

가벼운 안주로는 무엇이 적당할까? 사이드 디시를 곁들

이고 싶다면 수제 소시지utopenci와 절인 치즈nakládaný를 추천한다. 모두 오직 이곳에서만 맛볼 수 있는 음식이다.

북유럽 가정식의 은은한 온기

헴라갓

📍 서울 중구 소공로 35, 롯데캐슬아이리스 123호

📞 02-318-3335

📷 @hemlagatseoul

🍴 엘기스카브, 실탈릭, 스납스

서울에서 가장 혼잡한 명동을 살짝 비켜나면 빌딩 숲 틈 바구니의 한적한 동네를 마주하게 된다. 남산서울타워가 손에 닿을 듯 가까운 회현동 골목에 접어들면 파랗고 노란 깃발이 흩날리는 작은 스웨덴, 헴라갓Hemlagat이 보인다. 행운의 상징인 스웨덴 목마 달라헤스트Dalahäst도 오는 이들을 반긴다. 스웨덴어로 헴라갓은 '가정식' 또는 '집밥'을 말한다. 오수진 대표와 스웨덴 남부 출신의 다니엘 윅스트란드 셰프 부부는 이 호젓한 거리에 진짜 스웨덴의 맛, 북유럽의 풍미를 즐길 수 있는 유일무이한 공간을 꾸몄다.

한국 사람들에게 '북유럽'은 그다지 낯설지 않다. 2000년대 초반 '스칸디나비아 스타일', '노르딕 스타일' 열풍이 불었기 때문이다. 단순하면서도 세련된 북유럽식 미감, 자연과 어우러지는 군더더기 없는 삶의 방식이 한국인의 눈과 마음을 사로잡았다. 피카Fika 문화(커피 휴식시간)와 자연친화적 생활양식은 식탁에서도 이어진다. 윅스트란드 셰프의 요리를 보면 잘 알 수 있다. 유명 요리학교에서 교과서대로 배운 요리보다 덜 화려하지만, 조화롭고 소박한 그의 음식엔 언제나 은은한 온기가 느껴진다.

청정한 자연환경을 자랑하는 스웨덴 사람들은 자연에서 얻은 먹거리를 그대로 식탁에 옮긴다. 공원에 열린 링곤베리를 누구나 따 먹을 수 있고, 숲에서 자라는 버섯을 채취해 먹어도 문제가 되지 않는다. 나아가 다양한 사냥 고기를 즐겨 먹는다. 헴라갓은 한국에서 스웨덴식 엘크(말코손바닥사슴) 요

리를 맛볼 수 있는 유일한 식당이다. 엘기스카브Älgskav는 엘크의 살코기를 허브로 양념해 구운 요리로, 스웨덴의 생활을 한눈에 보여준다. 엘크는 지방이 없어서 살코기를 씹는 맛이 쫄깃하고 담백한 것이 특징이다. 오븐에 구운 감자와 버섯 요리, 그리고 달콤한 링곤베리 잼은 허브 향이 깃든 엘크의 맛을 한층 풍부하게 만든다. 돼지 껍질 튀김도 발군이다. 돼지 껍질을 삶고, 양념하고, 다시 튀겨낸 덕에 과자처럼 바삭바삭하다. 사실 돼지 껍질 튀김은 스톡홀름과 같은 대도시에서는 일부러 찾아서 먹지 않는 이상 접하기 힘든 요리지만 스웨덴 남부와 덴마크에서는 여전히 간식으로 사랑 받는다. 셰프는 자신의 어린 시절을 회상하며 이 메뉴를 재현했다고 한다.

청어 절임인 실탈릭Silltalrik은 유럽 북서부 발트해 연안에서 활동했던 바이킹의 지혜를 엿볼 수 있는 요리다. 우리에겐 과메기로 친숙한 청어를 소금에 절여 만드는데, 그 과정은 이렇다. 우선 싱싱한 청어의 굵은 가시를 발라낸다. 그리고 닷새 정도 염장한다. 이때 소금은 다시 씻어내고 허브를 가미해 며칠 더 숙성시키면 완성된다. 비교적 기후가 차가운 스웨덴에서는 청어의 탱탱한 어육과 숙성 과정에서 자연스레 녹아 없어지는 잔가시를 대표적인 단백질 공급원으로 꼽는다. 실탈릭 요리는 지역이나 식당, 조리법에 따라 천차만별이지만 헴라갓에서는 계절에 따라 3~5가지 정도의 서로 다른 실탈릭을 맛볼 수 있다. 셰프의 할머니로부터 전해 내려온 전통방식 그대로를 따르는 것은 물론이다. 깔끔한 맛을 좋아하는 이라면 양파와 허브로 맛을 낸 양파 헤어링을 추천한다. 가장 전통적이고 군더더기 없는 맛이다. 고소하고 진한 맛을 좋아한다면 씨겨자와 사워크림을 얹은 머스터드 헤어링이 잘 맞겠다. 새콤달콤하면서도 다양한 허브의 맛이 살아 있는 실탈릭은 주로 다크 브레드와 즐기기 좋다. 오트밀을 비롯한 5가지 곡물로 만들어진 다크 브레드는 스웨덴의 전통 빵으로, 촉촉하기보다 곡물의 거칠고 단단한 질감이 잘 살아 있는 편이다.

곁들이기 좋은 술은 스웨덴 전통주 스납스Schnapps로, 허브의 향을 충분히 살린 보드카다. 현지에서는 스납스를 마실 때면 모두 큰소리로 전통 민요를 부르는 의식을 치른다. 헴라갓에서는 로즈 히비스커스, 주피터, 시나몬 등 갖가지 허브를 이용해

30여 종의 다양한 스납스를 직접 담근다. 실탈릭 한 점에 '스콜Skål(스웨덴의 '건배')!'을 외치며 스납스 한 잔을 털어 넣으면 눈 깜짝할 새 스웨덴으로 순간이동한 듯한 기분이 든다.

오수진, 다니엘 윅스트란드

한국 사람 오수진, 스웨덴 사람 다니엘 윅스트란드는 휴가차 머물렀던 중국에서 처음 만났다. 둘의 운명은 몇 년 후 중국에서 다시 이어진다. 우연히 재회한 이들은 함께 여행을 하면서 사랑을 느꼈고, 2008년 결혼에 골인해 5년간 중국 청두에서 외국인들에게 가장 인기 있는 스웨덴식 카페를 운영했다. 그러고는 2014년 6월 아내의 나라인 한국으로 건너와 남편 나라의 전통 음식점 헴라갓을 열었다. 이들은 현대적인 유럽 음식을 선보이기보다 스웨덴만의 독특한 색깔을 보여주기 위해 노력했다. 가끔은 스웨덴 사람들조차 낯설 법한 전통 음식도 서슴없이 선보인다. 윅스트란드 셰프의 요리는 그의 엄마와 할머니의 음식에서 영감을 받았다. 두 여인은 집안 대소사나 가족 모임 때 차렸던 음식과 재료, 레시피를 모두 기록해 두었고, 윅스트란드 셰프는 계절이 바뀔 때마다 그 레시피를 하나씩 끄집어내어 메뉴를 구성한다. 잇쎈틱은 헴라갓과 스웨덴의 크리스마스 디너, 두 번의 미드소마Midsommar(스웨덴의 여름 명절) 디너, 영화 〈노마: 뉴 노르딕퀴진의 비밀〉을 주제로 한 씨네맛을 함께 하며 계절과 주제에 맞는 스웨덴의 이야기를 음식으로 소개해 왔다.

싱그러운 그리스의 식탁

노스티모

○ 서울 서초구 서초대로 125, 201호

☎ 02-535-5375

○ @nostimo_kr

♔ 무사카, 수블라키, 호리아티키 살라타

눈부신 물빛, 온화한 바람, 파랗고 하얀 집들이 늘어선 바닷가 마을. 산토리니, 미코노스, 크레타와 같은 섬들의 이름. 우리가 '그리스'하면 떠올리는 것들이다. 그리스의 풍광이 제법 눈에 익은 데 비해 의외로 그리스의 음식이나 문화는 맞닥뜨리기가 쉽지 않다. 그리스와 지중해를 공유하는 이탈리아의 음식과 비교하면 더더욱 그렇다. 그리스 가정식과 수제 페타치즈feta cheese, 그릭 요거트를 주로 선보이는 레스토랑 노스티모Nostimo는 그렇게 시작됐다. 주인장은 국내의 외국 음식 전문점을 소개해 온 음식 문화 큐레이터, 잇쎈틱이다. 맞다. F&B 전문 프로모터인 박은선(사라)과 타드 샘플, 우리는 이참에 제대로 그리스 문화와 음식을 알려보기로 결심했다. 사라는 대학에서 낙농식품공학을 전공하며 치즈를 직접 만들어보겠다는 열망을 품어 왔고, 마침 타드는 페타치즈와 요거트의 나라 그리스의 핏줄을 지니고 있다! 타드의 할아버지는 그리스의 크레타 섬 출신으로 미국에 정착한 요르고스 다스칼라키스George Daskalakis다. 할아버지의 영향으로 나는 그리스 아테네에서 대학 생활을 보냈고, 덕분에 원없이 사랑스러운 그리스 음식을 즐길 수 있었다.

노스티모는 음식을 비롯한 그리스의 모든 것을 알리고자 한다. 유구한 치즈 문화, 희소하지만 아름다운 그리스 와인의 풍미를 아낌없이 소개하고 있다. 메뉴는 대표적인 그리스 음식인 무사카moussaka(감자, 라구소스, 구운 가지에 베샤멜 소스를 올린 요리), 수블라키souvlaki(돼지고기 꼬치 구이에 피타브레드를 곁들인 것)와 차지키 소스(사워크림에 오이·마늘·딜·식초 등을 넣어 만든 요리) 등으로 이뤄져 있는데, 애피타이저로는 호리아티키 살라타(통칭 '그릭 샐러드')만 한 것도 없다. 신선한 채소에 올리브오일과 그리스에서 공수한 칼라마타 올리브Kalamata olives, 그리고 수제 페타치즈를 큼직하게 썰어 넣은 샐러드다. 짭조름한 페타치즈에 싱그러운 채소를 곁들여 맛의 균형을 이루는 것은 그리스식 지중해 음식의 가장 두드러지는 특징이다.

한국에서 그리스 전통 치즈의 맛을 제대로 볼 수 있는 곳이 노스티모 말고 또 있을까? 페타치즈는 세계에서 가장 오래된 형태의 염장 치즈로, 양질의 페타치즈를 만들기란 여간 어려운 일이 아니다. 노스티모는 목장에서 직송해 신선한 무항생제 우유만을 사용해 정성껏 수제 페타치즈를 만드는 국내 유일의 그리스 레스토랑이다. 시간과 정성으로 빚어낸 노스티모의 치즈를 제대로 맛보고 싶은 이들에겐 페타치즈 플레이트를 권한다. 페타치즈는 물론이고 올리브오일, 그릭 오레가노, 칼라마타 올리브를 함께 내기 때문이다. 커다란 조

각의 페타치즈에 밀가루 반죽을 입혀 튀겨낸 후 레몬을 함께 내는 치즈 사가나키cheese saganaki도 한 번쯤 경험할 만한 맛이다. 겉은 바삭하고 속은 부드러워서 레몬 스프리츠나 화이트 또는 스파클링 와인과

즐기기에 더할 나위 없다. 다시 한 번 강조하지만 '맛의 균형'은 그리스 음식의 열쇠다. 식사를 마친 후엔 그리스식 디저트가 테이블에 오른다. 호두를 넣어 만든 바삭바삭한 그리스식 디저트 바클라바baklava는  그리스식 커피와 완벽한 조화를 이룬다. 조금 더 건강한 디저트를 원하는 이들에게는 수제 그릭 요거트에 신선한 딸기와 그리스산 꿀을 토핑해 내어 놓기도 한다.

노스티모에 머무는 동안 나와 사라가 말을 걸더라도 부디 놀라지 않기를. 우리는 노스티모의 음식과 이곳에서 누리는 시간이 당신에게 충만하기를 바란다. 그러기 위해 더 열심히 요리하고, 더 열심히 대화할 것이다.

+ 그리스 와인이 궁금하다면

그리스 와인은 아직 한국에 널리 알려지진 않았지만 프랑스나 이탈리아산 포도만큼이나 다양한 품종을 거느리고 있다. 이들 중에서도 가장 유명한 것은 아시르티코Assyrtiko인데, 키클라데스Cyclades 지역을 원산지로 둔 화이트 와인 품종이다. 이 포도로 만든 와인은 산뜻하면서도 새큼하고, 레몬과 자몽과 오렌지 껍질의 시트러스한 향내가 매력적이다. 또 다른 화이트와인 품종인 말라구지아Malagousia는 짙은 머스크 향과 꽃내음, 부드러운 후추의 냄새를 머금고 있다. 그런가 하면 시노마브로Xinomavro는 그리스에서 기원한 레드와인 품종으로 단단한 타닌감에 선명한 과일 향을 지녔고, 그러면서도 플로럴하면서도 스파이시한 아로마를 뿜어내는 것이 특징이다. 노스티모의 와인 리스트에서는 이 모든 와인을 만나볼 수 있다.

The A

mericas

아메리카, 맛의 신대륙

육식주의자에게 천국이 있다면 바로 이곳, 아메리카가 아닐까. 짙은 훈향에 부드러운 육질을 지닌 바비큐, 육즙이 흐르는 두툼한 패티를 감싼 버거, 소시지와 치즈를 투하한 미국식 피자, 그리고 고기의 온갖 부위를 넣어 풍미를 극대화한 타코까지. 지금부터 씹고, 뜯고, 맛보는 즐거움으로 가득한 아메리카의 음식을 만나러 간다.

(3)

United States
of America

바비큐와 피자의 땅

미국

들어는 보았나, 케이준

레니엡

📍 경기 성남시 분당구 정자일로 121

📞 0507-1405-5791

📷 @lagniappekorea

🍴 포보이, 검보, 잠발라야, 베니에

케이준Cajun. 한 번쯤 패스트푸드 가게에서 파는 '케이준 치킨 버거'나 패밀리 레스토랑의 '케이준 치킨 샐러드'를 먹어봤을 테지만, 대체 그 '케이준'이란 무엇인지 아는 이는 흔치 않을 것이다. 백과사전에 따르면, 케이준은 아카디아에서 살던 프랑스계 사람을 뜻하는 북미 인디언 언어다. 아카디아가 어디인고 하니, 캐나다의 노바스코샤와 뉴브런즈윅, 그리고 프린스에드워드아일랜드주를 묶어 이르는 지역이다. 캐나다까지 와서 영국의 지배를 당하게 된 프랑스계 이민자 케이준들은 영국에 대한 충성을 거부했고, 그 결과 미국의 스페인령 루이지애나주로 강제 이주 당했다. 그들이 새로운 땅 루이지애나에서 꽃피운 음식문화가 바로 케이준이다.

놀랍게도 정통 케이준 요리가 생각보다 우리 가까이에 있다. 경기 성남시 분당구에 자리한 레니엡Lagniappe의 오너 셰프 애나는 뉴올리언스New Orleans(루이지애나주의 최대 도시)에서 왔다. 그는 유년 시절 즐겨 먹던 미국 남부 가정식을 선보이고 싶어서 이 공간을 열었다. 레니엡이란 단어는 중남미계 이주자들이 즐겨 쓰던 단어인 '냐파ñapa(매우 저렴한 물건이나 덤)'의 발음을 프랑스계 이주자들이 오용한 데서 유래한다. 실제로 뉴올리언스에서는 음식을 사면 고추나 고수를 고명으로 얹어 주는 '레니엡' 문화가 널리 퍼져 있다.

케이준과 크레올Creole은 미국 남부 지역을 이루는 문화적 중추인데, 둘은 종종 혼동되곤 한다. 크레올은 본래 유럽에서 온 이민자들의 자손들을 일컫는 말이었으나 오늘날엔 식민지 현지인 사이에서 낳은 혼혈인들을 두루 일컫는 표현이 됐다. 그에 비하면 케이준은 프랑스적인 뉘앙스가 보다 강하다. 프랑스 식문화를 체득한 그들은 늪지로 둘러싸인 척박한 땅에서 어떻게든 살아남기 위해 신선하지 않은 재료를 튀김으로 요리하거나, 여러 가지 재료를 혼합하고 강한 향신료를 넣어 풍미를 냈다. 결과적으로 케이준 요리법은 문화적으로나 물리적으로나 다분히 혼종적인 경향을 띠게 됐다. 레니엡의 메뉴 구성 역시 크게 3가지로 나뉜다. 뉴올리언스 전통 요리인 프렌치 쿼터French Quarter, 멕시칸 요리를 재해석한 이스트뱅크Eastbank, 그리고 베트남 요리를 남부식으로 풀어낸 웨스트뱅크Westbank다.

미국 남부 가정식을 체험하는 여정의 시작은 포보이Po'boy가 적당할 것이다. 포보이는 바게트 종류의 빵 사이에 소고기나 튀긴 새우, 소시지 등을 넣어 만든 값싼 샌드위치를 일컫는다. 1929년 대공황 당시 루이지애나에서 레스토랑을 운영했던 마틴 형제가 파업 노동자들에게 무료로 샌드위치를 나눠주었던 데서 그 기원을 찾을 수 있다. 당시 파업 노동자들을 일컬어 가난한 사내들, 그러니까 '푸어 보이poor boys'라 불렀고 이를 루이지애나 사투리로 발음하면서 오늘날의 '포보이'가 됐다.

레니엡의 포보이는 입이 채 다물어지지 않을 만큼 탐스럽다. 탱글탱글한 새우가 바삭한 옥수수 반죽 튀김옷을 입어 한층 먹음직스럽다. 현지에서는 '먹을 때 냅킨을 많이 써야 맛있는 포보이다'라는 말이 있는데, 이곳의 포보이 역시 먹기 전 냅킨을 두둑하게 준비해야 한다. 래니엡에서는 6가지 포보이를 낸다. 가장 유명한 로스트비프 포보이Roast Beef Po'boy는 소고기의 목심(척 아이롤)을 스팀오븐에서 5시간 가까이 조리하는데, 그 육즙으로 그레이비소스gravy sauce를 만든다고 한다. 이 압도적인 풍미의 소스가 레니엡의 포보이를 완성시킨다.

칼칼한 국물 요리가 생각난다면 검보Gumbo를 주문해보자. 검보 또한 루이지애나를 대표하는 음식으로, 닭육수 기반의 그레이비소스에 아프리카산 채소인 오크라okra, 그리고

루roux(밀가루를 버터에 볶은 것으로, 양식 소스 조리의 토대가 된다)를 넣어 만든다. 짙은 빛깔의 걸쭉한 국물, 그리고 깊고 구수한 맛이 매력적이다. 요리하는 사람에 따라 그 재료도 천차만별로 달라지지만, 루이지애나 음식의 핵심 재료 3총사인 양파, 셀러리, 피망은 반드시 들어간다. 크레올 문화권에서는 이 셋을 묶어 '홀리 트리니티Holy Trinity'라는 별칭으로도 부른다나. 뉴올리언스에서는 칼칼하고 묵직한 맛을 선호하지만, 레니엡에서는 한결 밝은 맛과 빛깔로 표현해냈다. 뜨끈한 스튜 국물이 스민 밥을 한 술 떠먹자면 "그리 낯선 음식이 아니군" 하는 생각이 절로 들 것이다. 검보의 짝패, 에투페Étouffée도 맛봐야 한다. 검보와 만듦새가 거의 비슷한 에투페는 프랑스어로 '질식시키다'라는 사전적 의미를 지닌다. 해산물이 소스에 '질식되듯' 잘 스머든 음식이란 뜻이

다. 검보가 가볍게 먹는 간식 개념이라면, 에투페는 메인 요리로 손색이 없다. 이름에서부터 리듬이 느껴지는 잠발라야 jambalaya도 빼놓으면 섭섭하다. 얼핏 냉장고를 털어 만든 볶음밥처럼 보이는 이 요리는 스페인의 파에야를 크레올식으로 조합한 결과물이다. 홍합과 오징어 대신 새우와 굴을 넣고, 하몽 대신 소시지를 넣어 투박하면서도 독특한 풍미를 완성한다.

마무리는 케이준 스타일의 정수, 베니에Beignet가 되어야 마땅하다. 쫄깃하게 튀긴 도넛 위에 솔티드 캐러멜과 슈거 파우더를 올린 음식으로, 누구든 거부할 수 없는 '단짠'의 매력을 지닌 디저트다. 진한 커피 한 잔과 함께라면, 세상 그 누구도 부러울 게 없어진다.

복수의 맛, 핫 치킨

롸카두들 내쉬빌 핫치킨

📍 1호점 서울 용산구 녹사평대로40나길 9
2호점 서울 강남구 언주로164길 35-3

📞 1호점 02-798-3456 2호점 02-3447-3456

📷 @rocka_doodle

🍴 더 클래식, 그랜파, 오리지널 갱스타

내슈빌Nashville이라는 도시를 아는지. 미국 테네시주에 위치한 이 도시는 미국 컨트리 음악의 본고장으로 꼽힌다. 배우들이 그들의 꿈을 펼치기 위해 할리우드나 뉴욕을 향하듯, 미국의 컨트리 가수들은 첫 번째 목적지를 내슈빌로 둔다. 사실 한국에서 미국 컨트리 음악은 그리 인기 있는 음악 장르가 못 된다. 놀랍게도 한국에서 먼저 반응이 온 건 내슈빌의 컨트리 음악이 아니라, '치킨'이었다. 어떤 연유냐 하면, 녹사평의 롸카두들 내쉬빌 핫치킨Rocka Doodle Nashville Hot Chicken 얘기다.

내슈빌 핫 치킨이 무어냐고? 지독하게 매운 핫 치킨의 유래를 거슬러 올라가기 위해서는 복수심에 불타오르는 한 여자의 모습을 맞닥뜨려야 한다. 내슈빌에서는 핫 치킨의 기원을 1980년 개업한 '프린스 핫 치킨 색Prince's Hot Chicken Shack'이라 여긴다. 현재는 안드레 프린스 제프리스Andre Prince Jeffries가 운영 중인 가게로, 본래는 그녀의 큰삼촌인 손턴 프린스 3세Thornton Prince III의 것이었다. 제프리스의 큰삼촌인 손턴은 바람둥이로 악명이 높았는데, 하루는 유흥을 즐기다가 귀가해서 여자친구에게 식사를 차려 달라고 조르기까지 했다. 화가 단단히 난 여자친구는 복수를 위해 맵디매운 고추를 잔뜩 투하한 닭튀김 요리를 만들었다. 애석하게도, 이 복수의 전략은 실패하고 말았다. 매운맛과 닭튀김의 조화가 꽤나 훌륭했던 것이다. 손턴은 이 요리를 굉장히 좋았고, 끝내 형제들과 비비큐 치킨 가게를 차리기에 이르렀다. 그것이 1930년

대 중반의 일이다.

한국 고유의 '치맥' 문화도 유구하지만, 조금 색다른 치킨을 즐기고 싶을 땐 녹사평의 롸카두들 내쉬빌 핫치킨 만한 곳도 없다. 이곳의 주인장인 타일러 손은 내슈빌에서 유학했던 아버지로 인해 그곳에서 자랐고, 장성한 후에는 내슈빌 핫 치킨에 대한 애정을 무럭무럭 키워 식당까지 열었다.

치킨 샌드위치든, 치킨 한 조각이든 이곳의 모든 메뉴는 맵기를 0단계부터 4단계까지 조절할 수 있다. 참고로 0단계는 소스를 넣지 않는 것이고, 4단계는 세계에서 가장 매운 고추로 알려져 있는 캐롤라이나 리퍼Carolina Reaper를 첨가한 것이다. 우리는 주로 1단계를 선택하지만, 모험적인 미식가라면 응당 높은 단계의 맵기를 시도해 볼 만하다. 이곳 치킨의 매력은 맵기에만 있는 건 아니다. 양념을 그다지 즐기지 않는다면 허니 버터 치킨이 가장 이상적인 선택지가 될 것이다. 고소한 버터의 향내는 매운 소스와 굉장히 잘 어울린다. 이곳의 치킨은 굉장히 쫄깃하면서도 촉촉하다.

녹사평의 핫 치킨이 내시빌의 것과 다른 점이 있다면 단하나, 곁들이는 빵의 형태다. 테네시주에서는 주로 흰 빵을 먹는데 비해, 롸카두들 내쉬빌 핫치킨에서는 번 위에 치킨을 낸다. 그 덕에 샌드위치로 즐기기에는 한결 수월하다.

미국이 자부하는 맛, 바비큐

BBQ in the United States

오늘날 미국식 바비큐는 전 세계적으로 대중적인 음식이 됐다. 알고 보면 고기를 오랜 시간 훈연해 먹는 바비큐 조리법의 역사는 16세기 카리브해 지역에 기원을 둔다. 당시의 사람들이 고기를 익히는 방식은 크게 두 가지였다. 하나는 직화 구이고, 다른 하나는 땅에 큰 구멍을 파서 고기를 넣고 그 위에 석탄불을 올려 오랫동안 두는 '바르바코아barbacoa'다. 바비큐라는 단어가 바로 여기서 유래했다.

미국식 바비큐라고 다 같은 형태와 조리법을 지니는 것은 아니다. 미국에서 바비큐는 주, 지역, 마을 단위로 만드는 방법이 서로 다르고, 이는 곧 지역민들의 자부심으로 연결된다. 바비큐 조리법의 차이는 근본적으로 어떤 소스를 쓰는지, 어떤 고기의 어떤 부위를 쓰는지에 따라서 달라지며 심지어는 훈연 과정에 쓰이는 나무가 어떤 수종인지에 따라서도 달라진다. 어떤 나무를 쓰느냐에 따라 고기에 입혀지는 향이 천차만별이기 때문이다.

미국에서도 바비큐의 정통성을 제대로 계승했다고 꼽히는 남부와 중서부 지역을 조금 더 자세히 들여다보자. 매년 이들 지역에서는 최고의 풀드포크pulled pork*, 바비큐 치킨barbecue chicken, 그리고 비프 브리스킷beef brisket**을 가르기 위한 '바비큐 대회'를 벌인다. 이는 미국 남부 지역을 여행하는 이들에게 꽤나 큰 볼거리, 즐길거리로 꼽히곤 한다.

---

* 고기를 오랜 시간 훈연하면 부드럽게 찢기게 마련이다. 풀드포크란 포크나 손가락으로 '찢긴pulled' 돼지 목살을 뜻한다. 결을 따라 잘게 찢긴 고기는 그대로 먹거나, 번이나 식빵에 얹어 먹는다. 이때 양념이나 고명을 얹어 함께 먹기도 한다.
** 소의 가슴살, 양지머리를 뜻하는 브리스킷은 남부식 바비큐에서 가장 자주 변주되는 부위일 것이다. 소가 체중의 60%를 이 부위로 버텨내기 때문에 연결 조직 근육이 조밀한 것이 특징인데, 브리스킷을 16~18시간가량 훈연하고 나면 이 근섬유가 고기의 질감을 부드럽고 담백하게 만든다. 긴 시간 조리하다 보면 얼마나 오랜 시간 익혀야 할지 난감할 때가 있는데, 고기의 가장자리에 분홍색 테두리가 만들어졌다면 알맞게 익은 것이다. 겉이 검게 그을렸다고 해서 걱정할 필요 없다. 탄 것이 아니라 '바크bark'라고 불리는 향신료를 바른 것이다.

1 천차만별, 지역별 바비큐 특징

❶ 노스캐롤라이나North Carolina : 가장 원형적인 바비큐로 꼽힌다. 기본적으로 통돼지를 요리하며, 고추와 약간의 설탕을 가미한 식초 기반의 소스를 돼지 껍질에 발라 오랜 시간 조리한다. 이 소스는 완성된 바비큐를 찍어 먹는 데에도 쓰인다.

❷ 사우스캐롤라이나South Carolina: 소스가 특징적이다. 매운맛으로 악명이 높은 데다, 북부 지역에서는 설탕을 넣지 않은 채 새콤한 식초를 기반으로 만든다. 북부 외의 다른 지역에서는 상대적으로 슴슴한 편이고, 토마토를 넣는 것이 특징이다. 보통 토마토소스가 묵직한 것에 비해, 이곳의 소스는 맑간 것이 특징이다.

❸ 텍사스Texas: 노스캐롤라이나와 사우스캐롤라이나가 돼지에 집중할 때, 텍사스에서는 비프 브리스킷을 주재료로 삼는다. 텍사스 내에서는 어떤 럽rub(굽기 전에 고기 위에 바르는 향신료)을 쓰느냐에 따라 종류를 나누기도 한다. 동부에서는 토마토를 넣은 달콤한 소스를 쓰고, 남부에서는 당밀 소스에 재우는 식이다. 중부에서는 고추와 소금처럼 건조한 럽을 바른다. 사실 어떤 럽을 쓰든, 텍사

스 바비큐는 저온으로 오래 훈연하는 것이 관건이다. 나무는 주로 오크oak, 페칸 pecan, 히커리 hickory(북미가 원산지), 메스키트mesquite(남미가 원산지) 같은 것을 사용하며, 살코기와 뼈가 분리될 때까지 푹 익혀야 한다.

❹ **캔자스Kansas**: 캔자스주의 캔자스시티는 바비큐 대회의 최대 도시로, 매년 9월 '아메리칸 로열 월드 시리즈 오브 바비큐 American Royal World Series of Barbecue'를 주최한다. 캔자스 지역을 중심으로 한 미국 중부 바비큐의 전통은 약 100여 년 동안 명맥을 잇고 있다. 재료는 소, 돼지, 닭을 고루 쓴다. 되직한 당밀 기반의 토마토소스를 발라 조리한다.

❺ **앨라배마Alabama**: 앨라배마 내에서도 남부 지역의 바비큐는 히커리를 주로 쓴다. 통상 오크나 페칸을 쓰는 것과는 대조적인 경우다. 앨라배마식 바비큐는 돼지 목살과 갈비살을 주로 쓴다. 치킨을 먹을 때 주로 쓰이는 흰 바비큐 소스가 이 앨라배마식인데, 여기에는 마요네즈가 주재료로 들어간다.

2 천생연분, 바비큐와 함께하기 좋은 곁들이

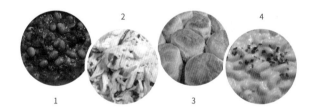

❶ **베이크드빈스baked beans**는 바비큐의 단짝친구다. 달콤한 소스는 이따금 베이컨과 만나 짭짤한 맛으로 변주되기도 한다.

❷ **콜슬로coleslaw**는 양배추와 마요네즈를 주재료로 만든다. 아삭아삭하고 톡 쏘는 맛이 부드러운 바비큐의 살코기와 잘 어울린다.

❸ **비스킷biscuits**은 바비큐를 다 먹고 남은 소스를 발라 먹기에 요긴하다. 부드러운 버터 비스킷과의 조화가 특히 훌륭하다.

❹ **마카로니 앤드 치즈macaroni and cheese**, 그러니까 흔히 '맥앤치즈'라고 불리는 이 음식은 여러 가지 메뉴를 하나의 접시에 조금씩 올려 내는 '바비큐 플래터barbecue platter'에서 '포만감'을 담당한다. 역시 지역마다, 동네마다, 만드는 사람마다 그 맛이 각기 다르다.

바비큐의 정석
라이너스바베큐

📍 서울 용산구 이태원로 136-13
📞 02-790-2920
📷 @linusbbq
🍽️ 플래터(오리지널, 스페어립, 베이비백립), 샌드위치(풀드포크, 브리스킷)

이태원 일대를 중심으로 퍼져나간 정통 바비큐 문화는 어느새 우리 미식 풍경의 한 축을 당당히 이루고 있다. 라이너스바베큐Linus' BBQ는 이러한 흐름을 이끈 선구자적 레스토랑이다. 오너 셰프 라이너스 김Linus Kim은 앨라배마 출신이다. 그가 한국 땅을 처음 밟았을 때만 해도 정통 바비큐 문화란 거의 전무한 상황이었다. 8년 전 비프 브리스킷과 풀드포크 샌드위치를 선보이는 조촐한 팝업 레스토랑에서 출발한 라이너스바베큐는 오늘날 한국에서 정통 미국 음식 문화를 이끄는 기수로 우뚝 섰다. 팝업 레스토랑 시절엔 자택 옥상에 수제 훈연 장비를 설치해 바비큐를 만들었고, 그렇게 정성껏 완성된 음식은 주로 이태원의 바를 경유해 팔렸다. 반응은 뜨거웠다. 한두 시간 만에 전 메뉴가 매진되는 건 예사였다. 미국 현지의 음식과 문화에 목말랐던 이들이 그의 열렬한 팬이었다. 그는 2년여의 시간에 걸쳐 기술 개발에 정진하며 큰 성장을 이뤘지만 결코 만족할 줄 몰랐다. 미국으로 돌아가 본토의 바비큐 레스토랑을 전전하며 비법을 전수 받았고, 그 과정에서 프로페셔널 팀을 이뤄 대규모 바비큐 토너먼트에 참가했

으며, 바비큐 전문 심사위원의 자격을 얻기도 했다. 이후 한국에 돌아온 라이너스는 드디어 자신의 오롯한 공간인 라이너스바베큐를 꾸렸다. 그 이래로 지금까지 그의 레스토랑은 언제나 문전성시를 이루고 있다.

라이너스바베큐를 만끽할 수 있는 가장 손쉬운 방법은 플래터를 주문하는 것이다. 바비큐 립, 비프 브리스킷, 그리고 풀드포크에 이르는 모든 메뉴를 한 번에 맛볼 수 있기 때문이다. 이들을 제대로 즐기려면 다음의 두 가지 방법을 따라야 한다. 첫째, 바비큐 립은 포크를 쓰지 않고 반드시 두 손을 이용해 뜯어 먹을 것. 살코기를 다 뜯은 후에 뼈에 붙은 소스를 쪽 빨아 먹는 재미가 있다. 둘째, 곁들이로 나오는 빵에 풀드포크를 올려 미니 샌드위치를 만들어 먹을 것. 롤빵의 반을 갈라 고기를 넣고, 위에 소스를 듬뿍 얹은 뒤 콜슬로나 다른 곁들이를 함께 올려 먹어도 좋다.

이곳의 매력은 그저 맛에서 그치지 않는다. 정통 미국식 바비큐의 맛을 구현하는 것은 물론이고, 현지의 문화와 정서를 흠뻑 느낄 수 있도록 해준다. 요리를 접시에 얹어 내는 풍경부터 테이블 위 스피커에서 흘러나오는 음악까지, 라이너스바베큐를 이루는 요소들은 미국식 바비큐의 모든 것을 공감각하게 만든다.

여전히 라이너스 김은 바비큐 이야기를 꺼낼 때마다 눈을 초롱초롱 빛낸다. 그 모습을 보고 있으면 떠오르는 장면이 하나 있다. 언젠가 라이너스바베큐의 테이블에 앉아 음식을 기다릴 때, 그는 바비큐 소스를 중탕하고 있었다. 그전까지는 단 한 번도 소스의 온도가 중요하다고 생각해 본 적이 없었기 때문에, 소스를 중탕하는 풍경이 생경하게만 느껴졌던 것이다. 이렇듯 라이너스바베큐의 사소한 정성이 모여 지금의 성공을 이끌었을 것이다.

정통 미국 남부식 바비큐

어바웃진스 바베큐

📍 서울 종로구 새문안로3길 30, 대우빌딩 B1, 106호
📞 02-737-0927
📷 @aboutjinsbbq
🍽 비프 브리스킷(플래터, 샌드위치), 수제 베이컨

바비큐가 당기는 날이면 광화문의 빌딩 숲으로 간다. 바로 어바웃진스 바베큐About Jins Barbecue를 만나기 위함이다. 이미 지하로 내려오는 계단에서부터 그윽한 훈연 향이 풍긴다. 이곳의 커다란 바비큐 기계가 바로 그 냄새의 진원지다.

어바웃진스 바비큐는 미국 유학생이었던 김동권, 임현진 부부가 운영하는 공간이다. 바비큐 마스터 김동권은 미국 체류 시절 텍사스식 바비큐에 흠뻑 빠져들었고, 힘 닿는 데까지 열심히 바비큐를 먹었다고 한다. 그는 한국에 돌아와서도 그 맛을 잊을 수 없어 실의에 빠져 있다가, 직접 바비큐 레스토랑을 차리겠다는 결심을 하기에 이른다. 제대로 된 맛을 내기까지 절대적으로 많은 시간과 노력, 그리고 경험이 필요하기 때문에 경쟁자가 많지 않을 것이라는 속셈도 있었다.

어바웃진스가 구현하는 바비큐는 후추, 소금 등의 양념과 훈향에 집중하는 텍사스식 바비큐다. 진짜배기 바비큐 맛을 선보이기 위해 몇 가지 방법을 동원했는데, 그중 하나가 참나무 장작이다. 참나무를 쓰면 훈향이 한층 살아나고, 살코기가 보다 더 부드러워진다. 이곳의 대표 메뉴인 비프 브리스킷은 12시간에서 16시간 정도 훈연해 만드는데, 그렇게 해야 살코기가 제대로 촉촉해지기 때문이다. 플래터로 주문하든, 샌드위치를 주문하든 이곳의 매력을 느끼기엔 충분하지만, 수제 베이컨은 반드시 먹어보길 권한다. 너도밤나무 장작에 6시간 훈연하고 7일 동안 냉동 숙성 기간을 거치는 동안 베이컨의 고릿함과 고소함이 극대화된다.

원주의 바비큐 성지
스위트오크

📍 강원 원주시 봉바위길 76-2

📞 033-746-7625

📷 @sweetoak_bbq

🍴 풀드포크, 비프 브리스킷, 돼지갈비, 수제 소시지

강원도 원주는 산세가 아름다운 고장이다. 원주 여행을 떠난다면, 소금산 출렁다리와 뮤지엄산의 압도적인 풍광을 가장 먼저 맞닥뜨리고 싶을 것이다. 하지만 '맛집'을 찾아가는 여행이라면, 눈앞이 캄캄해진다. 원주에선 어떤 식당을 찾아가야 할까? 남원주 IC 인근의 무실동에 자리한 미국 남부식 바비큐 레스토랑 스위트오크Sweet Oak 는 이 물음에 대한 가장 이색적인 해답이 될 것이다. 그간 미국 남부식 바비큐가 한국 미식 업계의 주요한 흐름으로 급부상한 것은 사실이지만 대부분의 업장이 서울, 특히 이태원 부근에 집중되어 있었던 것도 사실이다. 원주는 이제껏 '외국 음식'의 불모지라 할 만큼 특색 있는 다이닝 공간을 발견하기가 어려웠다. 스위트오크의 주인장, 어거스틴 거스 플로레스 Augustin Gus Flores의 행보가 유독 이채롭게 느껴지는 까닭이다.

플로레스는 미국 남부가 아닌, 미국령 괌에서 나고 자랐다. 2009년에는 전혀 다른 분야의 업무로 서울에 왔고, 몇 해가 지난 뒤엔 한국을 떠나 셰프가 되기 위해 런던의 르코르동블루에 진학하게 된다. 한국에 돌아온 그는 돌연 서울이 아닌 원주로 갔다. 2015년 첫 오픈 당시만해도 원주 태장동에 위치했던 미군 기지 캠프 롱Camp Long으로부터 고향의 맛을 그리워하는 손님들을 끌어모았고(현재 캠프 롱은 평택 캠프 험프리스로 통합), 제2영동고속도로 개통 등 교통이 원활해지면서 전국구급 식당으로 그 위상이 높아지는 중이다. 풀드포크, 비프 브리스킷, 돼지갈비spare ribs, 수제 소시지 등 메뉴 구성은 여느 바비큐 식당과 유사한 편이지만, 맛은 눈이 번쩍 뜨일 만큼 빼어나다. 역시 제대로 즐기려면 이 모든 메뉴와 곁들이 메뉴 3가지를 한데 맛볼 수 있는 '핏플래터'를 주문하는 것이 좋다. 눈에 띄는 메뉴가 하나 있다면 '그릴 피리피리치킨piri piri chicken'인데, 피리피리는 포르투갈에서 온 향신료로, 매콤한 맛이 일품이다.

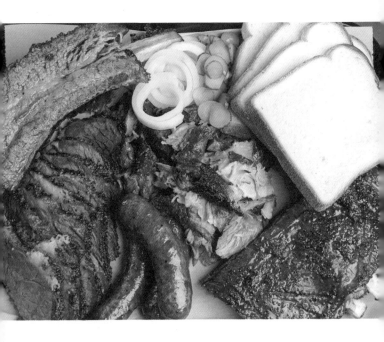

피자는 언제나 옳다
Pizza in the United States

온갖 문화가 뒤섞여 거대한 멜팅팟melting pot을 이루는 나라, 미국에서 인종, 성별, 계급을 불문하고 한마음으로 인정하고 포용하는 단 하나의 무언가가 있다면, 그건 바로 피자일 것이다. 통계에 따르면 미국 내 전체 레스토랑의 18%(약 78,000곳)가 피자 가게이고, 하루 평균 15%의 미국인이 피자를 먹는다고 한다. 이탈리아를 본고장으로 둔 피자는 어떤 연유로 미국에서 이처럼 열렬한 사랑을 받게 되었을까? 미국에서 피자의 인기가 급상승한 건 제2차 세계대전에 참전한 미군들이 이탈리아 본토 피자를 먹고 돌아온 까닭이다. 전쟁이 끝나고 본국으로 돌아온 이들은 하염없이 피자를 그리워했다. 뉴욕의 이탈리아인 구역인 리틀이탤리Little Italy에서는 이미 피체리아가 운영 중이었고, 피자에 대한 청년들의 열망이 여기 가세하면서 미국 피자의 시대가 본격적으로 열리기 시작한 것이다.

그렇다면 진짜 미국 피자란 무엇일까? 한마디로 답하기는 어려울 것이다. 팬의 형태나 크기에 따라서도 둥근 것, 정사각형인 것, 두껍거나 얇은 것으로 나뉘고 심지어는 속을 채운 피자도 존재한다. 온전한 한 판을 살 수도, 조각별로 살 수도 있다. 지역별로도 맛과 형태가 천차만별이기 때문이다. 다음은 미국 피자의 정체성을 설명하기 위한 5개 도시의 피자 스타일이다. 여기 담지 못한 소도시의 지역 피자도 개성적인 맛과 매력을 지니고 있으니, 미국을 여행하다가 피자 가게를 만난다면 그곳 최고의 피자를 물어보고, 반드시 경험해 보길 권한다.

미국 피자를 찾아서

● **뉴욕New York** : 미국 피자를 대표하는 스타일이란 무엇일까? 아마도 가장 널리 알려진 피자 스타일은 뉴욕식의 슬라이스 피자일 것이다. 뉴욕 피자는 얇고 바닥을 살짝 그을린 채 구워내는 것이 특징이다. 전형적인 뉴욕 피자란 직경 45~60cm의 크기로, 한 판에 8조각으로 나누어 먹는 것이 일반적이다. 피자 한 조각이 손쉽게 먹을 만한 사이즈는 아니지만, 나이프를 쓴다면 결코 뉴욕 스타일이 못 된다. 조각 피자를 세로로 반 접어 손으로 들고 먹는 것이 정석이며, 이렇게 먹다 보면 기름이 자연히 접힌 두 면 사이로 모여 접시에 안착하게 된다. 뉴욕 스타일 피자의 토핑은 치즈, 아니면 페퍼로니로 단순한 편이다.

● **뉴헤이븐New Haven** : 코네티컷주의 뉴헤이븐에서 가장 유명한 것을 꼽으라면 아이비리그의 예일대학교, 그리고 피자다. 가장자리를 얇고 쫄깃하게 구워낸 뉴헤이븐 피자는 '어피차apizza' 또는 '어피츠apeetz'라 불리는데, 이는 미국인들이 생각하는 궁극의 피자로 꼽힌다. 뉴욕 피자의 사촌 격으로, 뉴헤이븐 스타일 피자는 500도에 육박하는 고온에서 석탄 오븐으로 굽는 것이 특징이다. 이런 방식으로 피자를 굽는 일은 흔치 않으니, 미국 피자 투어를 하려거든 반드시 경유해야 하는 곳이 바로 뉴헤이븐이다. 참, 이곳에서 피자를 먹기 전에 하나 알아둬야 할 게 있다. 검게 그을린 자국이 있더라도 결코 탄 게 아니라는 사실. 뉴욕 피자와 뉴헤이븐 피자의 모태인 나폴리 피자가 그러한 것처럼, 그을린 듯한 자국은 피자 고유의 질감과 훈향을 더하기 위한 하나의 장치다.

● **디트로이트Detroit** : 미 서부의 피자 강자, 미시간주 디트로이트로 간다. 한때 미국 자동차 산업의 심장이었던 이 도시에서는 동부 피자보다 훨씬 두께감 있는 피자를 선보이는데, 이는 시칠리아풍의 피자인 스핀초네sfincione로부터 영향을 받은 것으로 알려져 있다. 자동차 산업이 흥했던 도시인 만큼, 공장에서 사용했을 법한 사각형 팬에 구워내는 것이 특징이다. 굽기 전에 팬 위에 얇게 기름을 발라 바삭바삭한 질감을 살리는 것도 인상적이다. 토핑과 치즈 위에 소스를 얹은 후 구워내는 방식도 독특하다. 덕분에 두터우면서도 바삭바삭하고 쫄깃한, 입체적인 질감을 한데 즐길 수 있다.

● **시카고Chicago** : 시카고풍의 딥디시 피자deep dish pizza는 '아메리칸 클래식'의 반열에 올릴 만한 음식이다. 플랫브레드 스타일의 여느 미국 피자와 달리, 시카고 딥디시 피자는 치즈와 이탈리안 소시지, 그리고 온갖 채소로 속을 채워 넣은 묵직한 파이에 가까운 형태다. 시카고 피자를 주문한다면, 두 가지 유념해야 할 게 있다. 엄청난 두께 탓에 구워내는 데 시간이 많이 걸린다는 것. 그리고 배달 주문 시엔 도우가 눅눅해지고 모양이 망가지는 것을 막기 위해 자르지 않은 채로 도착한다는 것이다.

● **로스앤젤레스Los Angeles** : 가장 신선한, 그리고 전형적이지 않은 재료를 사용해 피자를 만드는 곳은 아마도 캘리포니아주일 것이다. 이런 경향은 1980년대 로스앤젤레스에서 아티초크나 주키니 꽃을 토핑으로 사용해 독특한 풍미를 꾀했던 셰프들로부터 시작됐다.

> **+ 식은 피자=해장음식?**
> 먹다 남은 피자는 미국인들이 가장 사랑하는 해장음식이다. 한국 사람들이 국밥으로 해장할 때, 미국 사람들은 점심이나 저녁에 먹고 남아 차가워진 피자를 즐겨 먹는다. 지독한 숙취를 기름진 피자가 눌러준다고 믿는 것이다.

네모난 피자의 거친 매력
모터시티

모터시티Motor City는 한국에 디트로이트 스타일 피자를 처음으로 소개했다. 이곳에 가면 정사각형 팬에 기름을 살짝 두르고 구워낸 전형적인 디트로이트 피자를 맛볼 수 있다. 두터운 크러스트 위에 소스를 올린 클래식 피자는 맥주 한잔과 즐기기에 더할 나위 없이 훌륭하다.

📍 서울 이태원로 140-1, 2층
📍 서울 강남구 테헤란로 142, 지하1층
📍 서울 송파구 백제고분로 45길 17-3, 2층
📷 @motorcitykorea

뉴욕 피자의 정체성
지노스 NY 피자

한 손에 한 조각
폴리스

지노스 NY 피자 Gino's NY Pizza 의 공동 창립자 김유진은 뉴욕 최고의 피체리아의 주방 뒤꼍에서 그곳의 주인장으로부터 진짜배기 뉴욕 피자 만드는 법을 전수받았다. 그 과정엔 피자 조리법 이상의 의미가 담겨 있었고, 덕분에 이곳의 피자엔 뉴욕 피자의 정체성과 전통이 고스란히 맛으로 녹아있다.

서울에 3개 지점을 거느리고 있는 폴리스(정식 이름은 폴리스 브릭 오븐 피체리아Paulie's Brick Oven Pizzeria)의 피자가 매력적인 것은 바로 그 크기다. 조각 단위로 주문할 수 있는데, 한 조각의 크기가 제법 커서 뉴욕 현지의 것과 거의 비슷할 정도다. 덕분에 뉴욕식으로 반을 접어 먹기에 꼭 맞는다. 한국 사람들에게는 한 조각이라도 꽤나 크기 때문에 서버들이 반으로 잘라주기도 하지만, 우리는 온전한 한 조각을 제대로 맛보길 권한다. 그것이 뉴욕 스타일이니까.

- ⚲ 서울 용산구 녹사평대로 40길 46, 2층
- ⚲ 서울 강남구 선릉로155길 15
- ⚲ 부산 해운대구 중동 1124-2
- ⓘ @ginospizza

- ⚲ 서울 종로구 디타워 2층
- ⚲ 서울 서초구 고속터미널 파미에스테이션
- ⚲ 서울 강남구 파르나스몰 지하1층
- ⓘ @pauliesbrickovenpizzeria

뉴욕, 베이글의 도시
Bagel in the City

뉴요커의 삶을 지탱하는 음식, 베이글의 시작과 끝을 찾아서

뉴욕은 이민자의 도시다. 따라서 뉴욕에서 맛볼 수 있는 음식의 가짓수는 이곳에 정착한 민족만큼 다양하고 다채롭다. 뉴욕식 피자, 뉴욕의 코니 아일랜드 핫도그, 그리고 무엇보다 뉴욕 베이글을 빼놓을 수 없다. 이른 시간부터 문을 여는 베이글 가게는 해가 저무는 시간까지 손님이 끊임없이 오간다. 때문에 베이글 롤러Bagel Roller(손으로 반죽을 치대고, 물에 삶고, 오븐에 구워내는 작업자)는 언제나 쉴 틈이 없다.

뉴요커들은 하루의 시작과 끝을 베이글과 함께 한다. 산뜻한 아침, 갓내린 따끈한 커피와 크림치즈가 두둑이 발린 베이글을 들고 일터로 향했다가, 저녁이면 가족들의 다음 날 아침 식사를 위해 갈색 종이백에 베이글을 한아름 안고 귀가하는 것이다.

이렇듯 뉴욕 사람들의 삶에 베이글이 자연스레 스며든 까닭은 무엇일까? 유대계 이민자들은 19세기 후반 미국 뉴욕으로 이주해 오면서 그들의 주식이었던 베이글을 고스란히 정착시켰다. 지금으로부터 100년 전인 1910년에도 300여 명의 베이글 메이커 노동조합이 뉴욕에 있었다고 하니, 그 수요를 짐작해볼 수 있다. 오늘날에도 유대인이 운영하는 델리에서는 다양한 종류의 커다란 베이글들을 만나볼 수 있다. 초창기 뉴욕 베이글은 유대인들만 이용하는 델리에서 팔렸지만, 1970년대 이후 대량 생산을 하면서 급격히 대중화되기 시작했다.

크림치즈가 얼마나 다양하고 깊은 맛을 보여주냐에 따라 그 델리의 생명이 좌우된다. 이른 새벽부터 구워내고 바구니에 무심히 쏟아낸 듯 안착된 이 녀석들을 도마에 올려 슥삭슥삭 반을 갈라 살짝 토스트를 한다. 베이글 구멍이 막힐 만큼 인심 가득히 크림치즈를 한 주걱 떠 올려 능숙하게 발라내는 모습만 봐도 설렘을 감출 수 없다.

미국

연희동에서 경험하는 뉴욕의 아침

에브리띵베이글

📍 서울 서대문구 연희로11길 29
📞 010-5588-5427
📷 @everythingbagel_korea
🍴 플레인 베이글, 크림치즈 & 록스(연어) 샌드위치, 커피

아직 아파트보다 주택이 많은 동네, 연희동. 이곳의 정답고 비좁은 골목길에 베이글 가게 하나가 자리한다. 에브리띵베이글Everything Bagel. 손바닥만 한 공간이지만 규모만으로 판단하면 안 된다. 오븐에서 갓 나온 베이글을 먹어보겠다는 일념으로 모인 사람들이 온종일 문전성시를 이루기 때문이다. 주인장 이희준은 '양질의 베이글decent bagel'을 제대로 선보이고자 2016년 에브리띵베이글을 열었다.

이희준에 따르면, 완벽한 베이글의 맛은 약간의 짠맛과 효모와 맥아의 균형으로 완성된다. "뉴욕에 거주할 때 즐겨 먹었던 베이글 맛을 잊을 수 없더군요. 많은 사람들과 그 맛을 나누고 싶어서 직접 제대로 된 베이글을 만들어 팔기로 결심했죠." 그가 말하는 '양질의 베이글'이란, 살짝 바삭바삭한 겉면에 쫄깃쫄깃한 안쪽 면을 지닌 베이글을 뜻한다. 이토록 대조적인 질감이 그대로 살아 있는 까닭은, 베이글이 오븐에서 구워지기 전에 미리 물에서 삶아지기 때문이다. 뉴요커들은 칼슘과 마그네슘의 농도가 낮은 뉴욕의 물이 완벽한 베이글을 만들어낸다고 믿곤 하는데, 이곳의 베이글은 놀랍게도 그 미묘한 맛을 완벽하게 표현한다.

비결은 뉴저지에서 베이글 가게를 운영 중인 친인척으로부터 전수받은 레시피다. 맛을 재현한 것은 물론이고 여느 현지 베이글 가게처럼 오전 7시에 문을 열기 때문에 뉴욕의 아침, 그리고 정통 베이글을 온전히 경험할 수 있다.

베이글은 도넛과 비슷한 모양새로 모두 비슷해 보이지

만, 얹어 내는 시즈닝과 크림치즈의 종류에 따라 맛이 확연히 달라진다. 에브리띵베이글에서는 10가지 베이글과 4가지의 크림치즈를 마련한다. 선택지가 여럿이라 난감하다면, 빵과 크림치즈의 맛을 비슷하게 고르는 것이 좋다. 이를테면 레이즌(건포도)베이글은 달콤한 크림치즈와, 향이 강한 어니언(양파)베이글은 고소한 치즈와 즐기는 식이다. 여기에 커피를 곁들이면 금상첨화. 다만 이곳에선 에스프레소도, 핸드드립 커피도 찾아볼 수 없다. 크고 투박한 보온병에 미국식 블랙커피를 담아 놓고 팔기 때문이다. 우리에겐 낯설지만 보온통에서 따른 진한 커피와 베이글은 뉴요커들의 클래식한 아침 메뉴다. 록스Lox(연어)를 넣은 베이글 샌드위치 한 입에 커피 한 모금이면 어느새 뉴욕의 향기가 코끝까지 밀어닥친다.

+ 뉴요커처럼 베이글 즐기는 법, 록스 베이글 샌드위치
뉴요커들에게 가장 사랑 받는 베이글 메뉴가 있다면 단연 이것, 록스 베이글 샌드위치Lox Bagel Sandwich일 것이다. 이 메뉴는 연어, 크림치즈, 토마토, 양파, 케이퍼가 들어가는 베이글 샌드위치다. 에그 베네틱트가 유행하던 시절, 코셔 스타일로 이를 대체하기 위해 만들어진 샌드위치라는 설이 있다.

고향의 맛 시나몬 롤

베이크샵 스니프

📍 제주 서귀포시 신서귀로 32
📞 070-8845-0727
📷 @sniff_jeju
🍴 시나몬 롤, 밀크셰이크

어린 시절, 엄마가 시나몬 롤을 굽는 아침이면 눈이 번쩍 떠지곤 했다. 그 따뜻하고 포근한 촉감을 되새긴다. 아, 특히 버터가 더 많이 들어간 날의 향긋한 빵 내음이란. 북미와 유럽 사람들에게 시나몬 롤은 이렇듯 추억을 환기시키는 '콤포트 푸드comfort food(위안을 주는 음식)'로 통한다. 이를테면 스웨덴에서는 매년 10월 4일을 '시나몬 롤의 날Kanelbullens dag'로 정해 시나몬 롤의 따스함을 주변 사람들과 더불어 나누고 있다.

제주의 작은 빵집, 베이크샵 스니프Bakeshop Sniff는 시나몬 롤의 행복한 맛을 나누고자 의기투합한 두 명의 오너 파티세가 운영 중인 공간이다. 이들은 지구 곳곳을 전전하며 여행하다가 제주에 정착했는데, 이유는 꽤 단순했다. 제주에 국제학교가 많다는 것. 이곳에 다니는 학생들과 근무하는 교사들 대부분이 고향의 맛을 그리워하는 외국인들이고, 이들은 자연히 다문화적 경험을 누리고자 제주에 온 사람들일 테

니 말이다. 물론 서울을 경유해 제주에 오는 외국인 관광객, 그리고 제주로 몰려드는 수많은 한국인 여행자들에게 특별한 문화를 맛보여주고 싶다는 속셈도 있었다.

가게가 오픈한 이래로 두 파티셰는 클래식 시나몬 롤부터 솔티드 캐러멜 시나몬 롤, 정통 핀란드 스타일의 시나몬 롤에 이르는 12가지 종류의 메뉴를 선보이고 있다. 시나몬 롤의 달콤함에 혀가 얼얼할 지경이라면, 농밀하고 되직한 밀크셰이크를 곁들여도 좋다. 제주산 우유로 만든 수제 아이스크림이 들어갔으니 그 풍미야 두말할 필요 없겠다.

도전, 채식주의
Vegetarian

북미 사람들은 누구보다 육식에 진심인 것처럼 보인다. 하지만 그 반대편에서 어떤 이들은 누구보다 열렬히 채식의 가치를 부르짖는다. 채식주의자들은 환경과 건강을 중시하는 자신만의 가치관을 견지하기 위해 '얼굴 있는 것들'의 섭취를 금한다.

한국의 경우 불교와 함께 채식주의 개념이 자리잡았다. 육류와 인공조미료를 먹지 않는 사찰 음식은 살생을 하지 않고 자연과 융화하고자 하는 부처의 가르침을 원칙으로 삼는다. 북미와 서구의 베지테리언들이 지금 우리의 사찰 음식을 주목하는 까닭이다.

최근 '비건vegan 전문'을 내건 식당들이 하나 둘 생기기 시작하면서 자연히 '비건 문화'로 통용되는 채식주의자들의 라이프스타일이 대중화되고 있다. 비건 음식은 '맛없다'는 편견, 비건 식당은 비건들만 찾아간다는 고정관념은 이제 촌스러운 생각이 되어버렸다. 육식을 하는 사람도 오늘의 '특별 메뉴'로 비건을 즐길 수 있다. 이제 자연스럽고 건강한, 창의적 비건 요리를 즐겨 볼 때다.

단계별 채식주의 알아보기

비건이란 단어가 일반화되고 있지만 이것을 엄격하게 따지는 사람들에게 비건은 최고 높은 단계의 철저한 동물보호위주의 식생활을 말한다. 자신의 철학이나 건강상태에 따라 적당한 베지테리언 레벨을 인지하고 있다면, 채식주의를 즐기기가 한결 수월해질 것이다.

❶ **비건Vegan** : 육식을 금한다. 더불어 동물성 식재료도 먹지 않는다. 우유, 계란, 치즈, 꿀 등 동물이 생산해내는 모든 것을 먹지 않는다. 더 엄격하자면 동물이 생산하는 물건(실크, 가죽, 울, 캐시미어 등)을 소비하지 않는다. '지속가능한 생활양식sustanainable lifestyle'을 견지하며 환경을 보호하고 생명의 존엄을 지키는 것이 비건의 이상이자 목표다. 아직 한국의 식문화 장에서는 이 모든 것을 철저하게 지킬 수 있을 만큼 섬세하게 개발된 식료품을 찾기 힘들다.

❷ **락토베지테리언Lacto-vegetarian** : '락토Lacto-'는 접두사로 젖과 우유를 뜻한다. 우유, 치즈, 버터 등 유제품은 섭취할 수 있다. 모든 종류의 고기와 생선, 그리고 계란을 섭취하지 않는다.

❸ **오보베지테리언Ovo-vegetarian** : '오보Ovo-'는 접두사로 알을 의미한다. 달걀을 포함한 알을 섭취할 수 있지만 모든 종류의 고기와 생선, 가금류, 유제품은 먹지 않는다.

❹ **락토오보베지테리언Lacto-ovo vegetarian** : 가장 널리 실천되는 채식주의 형태다. 달걀과 유제품은 섭취한다. 하지만 모든 종류의 동물을 비롯, 해산물과 가금류는 먹지 않는다.

❺ **페스카테리언Pescatarian** : 육류와 가금류는 먹지 않지만 생선류와 해산물은 섭취한다. 완전 채식주의라고 하기엔 무리가 있고 '세미베지테리언Semi-vegetarian', 혹은 '플렉시테리언Flexitarian'이라고 부른다.

❻ **폴로테리언Pollotarian** : '폴로Pollo'는 닭고기란 뜻의 접두사다. 붉은 고기와 포유류는 먹지 않지만 가금류, 생선 유제품, 달걀은 먹는다.

채식하기 좋은 날

플랜트

📍 서울 용산구 보광로 117, 2층

📞 02-749-1981

📷 @plantcafeseoul

한국채식협회에 따르면 국내 채식주의자 현황은 2008년 기준 15만 명, 2018년에는 정확히 그 10배인 150만 명으로 집계됐다고 한다. 채식 수요가 급격하게 늘어난 만큼, 채식 중심의 식당도 속속 생겨나고 있다. 플랜트 카페 & 키친Plant Café & Kitchen(이하 플랜트)은 2013년 '플랜트 베이커리'라는 이름으로 서울 이태원 골목에 처음 문을 연 한국 채식 문화의 선구자다. 개업 당시만해도 사찰 음식이 아닌 채식 메뉴는 지금처럼 대중화되지 않았기에 해외에서 채식 문화를 경험하고 온 외국인들이나 유학생, 그리고 소수의 비건들이 알음알음 이곳을 찾아오곤 했다.

플랜트에서는 맛깔스러운 허머스와 팔라펠, 고기 없는 버거, 심지어는 비건 케밥까지 선보인다. 빵집이었던 플랜트의 초창기 메뉴인 케이크와 달다구리 또한 마련되어 있다. 주인장 이미파는 부산에서 태어났으나 세계 곳곳을 전전하며 다양한 문화를 접했고, 특히 채식 문화에 깊이 매료됐다. 한국에 돌아온 그는 몇 년 간 자신의 블로그에 '한국에서 비건으로 사는 법'을 기록했고, 블로그의 인기가 높아지면서 그는 자신의 비건 요리와 베이킹 레시피를 더 정력적으로 소개했다. 이는 실재하는 공간으로서의 플랜트를 꾸리기 위한 씨앗이 됐다. 작은 빵집이었던 플랜트는 2017년 메뉴를 보강하고 규모를 넓혀 맛있고 건강한 비건 요리를 선보이는 레스토랑으로 거듭났다. 비건 아닌 사람들도 그저 '음식이 맛있어서' 찾아오는 곳이다.

쿼벡-프렌치의 향긋하고 묵직한 맛

퀴진 라끌레

/ 한 걸음 더 /

📍 서울 종로구 자하문로7길 36
📞 02-6053-1514
📷 @cuisine_la_cle
🍴 에그 버거, 푸틴

서울에서 종로구 통인동 골목만큼 걷기 좋은 곳이 또 있을까. 그래서인지 평일에는 점심을 먹으러 오는 주변 회사원들이, 주말에는 동네를 탐험하는 많은 젊은 커플들이 거리에 가득하다. 지하철 3호선 경복궁역에서 통인동 거리를 향해 7분쯤 걸어 들어가면, 한편에 자그마한 열쇠가 걸린 가게가 하나 보인다. 상호는 퀴진 라끌레Cuisine la Clé. 우리 말로 '주방의 열쇠'를 뜻한다. 오너 셰프 배진성은 '한국에서 퀘벡–프렌치 Quebec-french 레스토랑으로서의 열쇠 역할을 하겠다'는 포부를 밝힌다. 아차, 우선 퀘벡에 대해 설명해야겠다. 퀘벡 주는 캐나다 원주민과 프랑스에서 온 정착자들이 빚어낸 고유의 문화를 지닌 고장으로, 캐나다 속 작은 프랑스라 불린다. 이곳 퀴진 라끌레에서 맛볼 수 있는 퀘벡–프렌치 메뉴는 섬세한 프렌치 조리법으로 퀘벡 지역의 묵직한 고칼로리 음식을 변주한 결과물에 가깝다.

대표 메뉴인 훈제 메이플 베이컨 버거는 퀘벡의 훈연 고기 전통에 경의를 표하는 음식이다. 오픈 키친을 마주한 좌석에 앉으면 수제 베이컨이 지글지글거리며 익어가는 소리와 압도적인 냄새를 즐길 수 있다. 수백 년 전, 캐나다 원주민들은 고기를 장시간 보관하기 위해 소금에 절인 뒤 훈연했던 전통을 지니고 있었다. 19세기 말부터 20세기 초반까지 유럽에서 몬트리올에 정착한 유대인들은 이 전통 방식에 코셔 훈연 방식이나 소금물(브라인brine)에 절이는 방식을 덧대어 고유의 문화로 정착시켰다고 한다. 퀴진 라끌레에서는 훈제 메이플 베이컨 버거 외에도 점심 메뉴로 5가지의 개스트로펍 스타일 버거를 선보인다. 추천 메뉴는 수제 베이컨과 서니 사이드업 달걀을 올린 에그 버거다. 노른자를 칼로 터뜨려 소스처럼 발라 먹으면 그 풍미를 한껏 즐길 수 있다.

퀘벡은 푸틴poutine의 발상지로도 유명하다. 언제나 '실패 없는 맛'을 이루는 퀴진 라끌레의 푸틴도 놓쳐선 안 될 메뉴다. 아삭아삭하게 튀긴 감자 위에 탱글탱글한 질감의 커드를 얹고, 소고기와 닭고기 육수로 만든 그레이비 소스를 올린 이곳의 특제 푸틴은 주한 캐나다 대사뿐 아니라 주한 퀘벡주 기관의 직원들에게도 열렬한 호응을 얻고 있다.

배진성

사제처럼 검은 위생복을 차려입은 배진성 셰프는 파일럿을 꿈꿨던 소년이었다. 세상이 궁금했던 그는 돌연 미국 플로리다로 날아가 요리 공부를 시작했고, 선배 셰프들에게 장인 정신을 익혀가며 프랑스 요리를 배우기로 결심한다. 그러다 프랑스어와 영어를 동시에 쓰는 캐나다 퀘벡의 프렌치 비스트로에서 5년간 근무하며 지금의 정체성을 이뤘다. "1976년도에 열린 몬트리올 올림픽 때 프랑스 국가대표팀의 식사를 준비하러 온 프랑스인 셰프들이 있었어요. 그들은 올림픽이 끝나고도 프랑스로 돌아가지 않고 캐나다에 정착했다고 해요. 퀘벡에 있을 때, 프랑스 전통과 캐나다의 자연이 깃든 이곳의 요리에 깊이 매료됐어요. 퀴진 라끌레를 오픈할 때 이 전통을 표현하겠다고 결심했죠." 그는 재료의 힘을 중시한다. 완성된 음식도 중요하지만, 각각의 재료를 음미하는 것이 퀘벡-프렌치의 토대라는 것이다. "퀴진 라끌레를 오픈한 지도 1년이 훌쩍 넘었는데, 늘 식자재 수급에 난항을 겪어요. 버터 스쿼시, 푸아그라, 파스닙, 리크는 선도가 낮은데 비싼 경우가 많아 선뜻 사용하기가 어렵거든요. 언젠간 푸아그라 푸틴과 오리 가슴살 요리에도 도전해보고 싶네요." 그의 바람이 하루 빨리 이루어지기를 기다린다.

푸틴과 맥주, 보광동의 밤

베쓰 푸틴

📍 서울 용산구 보광로 72
📞 02-6015-0098
📷 @beth_poutine
🍴 베쓰 푸틴, 트래디셔널 푸틴

캐나다에서 자국의 대표 음식을 묻는다면, 100명 중 99명이 푸틴을 지목하지 않을까? 서울 용산구 보광동 골목의 작은 식당, 베쓰 푸틴 Beth's Poutine은 상호에서부터 위풍당당하게 푸틴을 내건다. 향수병을 앓는 캐나다 사람들, 그리고 캐나다에서 유학하거나 체류했던 한국 사람들이 이곳의 단골을 자처한다. 바삭바삭하게 튀겨낸 감자 위에 치즈 커드와 먹음직스러운 그레이비 소스를 투하한 진짜배기 푸틴, 그리고 차디찬 캐나다에서의 밤을 잊지 못하는 까닭이다. 제대로 된 푸틴을 만들기 위한 첫 번째 재료는 신선한 치즈 커드다. 베쓰 푸틴의 전 메뉴에 올라가는 치즈 커드는 모두 이곳에서 손수 만든다. 커드의 신선도는 어떻게 판별할까? 씹을 때 고무처럼 치아 끝에서 살짝 엉기며 '찌익' 하는 소리가 난다면, 제대로 만들어진 것이다. 때깔 좋은 그레이비 소스 또한 이곳만의 특제 레시피를 써서 완성한다. 푸틴의 맛을 완성하는 게 하나 더 있다. 바로 캐나디안 맥주다. 맥주에 푸틴, 푸틴에 맥주를 함께 하는 밤이면 이역만리 퀘벡이 어느새 손에 닿을 듯 가까이 느껴진다.

Mexico
Brazil
Peru
Ecuador

중남미 4개국 탐험

멕시코
브라질
페루
에콰도르

완전한 요리가 된 타코
엘피노323

📍 **녹사평점** 서울 용산구 녹사평대로 220
평택점 경기 평택시 팽성읍 안정순환로 106-1 2층
📞 **녹사평점** 02-797-3233 **평택점** 0507-1382-3233
📷 @elpino323
🍽 카르네 아사다 타코, 코치니오 피빌 타코

요리사에게 '당신이 요리를 시작하게 된 동기는 무엇이냐'고 물으면 대답은 각기 다를 것이다. 엘피노 323Elpino323의 오너 셰프  디 모랄레스(이하 셰프 D)의 답은 '할머니'다. 그는 유년 시절 할머니로부터 배웠던 멕시코 음식을 선보인다. 한국에서 태어난 셰프 D는 어린 시절 미국 캘리포니아에 살고 있는 멕시코계 이민자 가정으로 입양됐다. 그는 가족을 위해 매일 요리하시는 할머니를 옆에서 지켜보며 요리에 대한 애정을 키워갔다. 할머니의 음식엔 유난히 매콤한 음식이 많았는데, 비결은 아바네로고추habanero(멕시코산 고추로 1994년부터 2006년까지 세계에서 가장 매운 고추로 기네스북에 기록됐다)였다. 할머니의 고향은 멕시코에서도 매콤한 양념을 즐겨 먹는 치와와Chihuahua주였으니, 어쩌면 할머니의 입에는 매운 게 아니라 당연한 정도의 풍미였는지도. 덕분에 우리는 셰프 D의 할머니로부터 이어진 멕시코의 매운맛을 이곳 엘피노323의 식탁에서 누릴 수 있다.

2002년, 20대 초반에 다시 홀로 한국으로 돌아온 셰프 D는 집밥이 그리웠다. '멕시코 식당'이라 간판을 내건 곳에서 음식을 먹어봤지만 그가 사랑한 '매콤함'은 어디에도 없었다. 그는 그렇게 어릴 적 먹었던 할머니의 멕시코 손맛을 소개하기로 결심한다. 두어 가지 메뉴로 팝업 식당을 시작한

그의 존재는 멕시코 음식에 향수를 느끼는 이들에게 입소문
이 나기 시작했고, 작은 지하 공간을 얻어 정식 오픈했을 때
는 기다렸다는 듯 그의 음식을 찾아오는 이들이 문앞에 줄을
서기 시작했다. 멕시코 음식에 대한 고집, 고향의 맛을 지키
려는 철학과 노력이 지금의 엘피노323을 탄생시킨 것이다.
누구에겐 스트리트 푸드일 수 있는 타코도 그에게는 하나의
요리로 깐깐하게 완성된다.

　　매일 아침 고소하게 구워내는 토르티야는 타코의 풍미를
더욱 살려준다. 타코는 돼지고기, 소고기, 양고기, 베이비포
크 등 10가지의 다양한 메뉴로 준비한다. 카르네 아사다 타
코carne asada taco는 부드러운 양념이 밴 소고기 타코로, 셰
프 D가 가장 즐겨 먹는 타코이기도 하다. 라임주스로 양념
해 서서히 익힌 새끼 돼지고기가 들어간 코치니토 피빌 타코
cochinito pibil taco는 강렬한 풍미를 원하는 손님에게 사랑받
는 메뉴다. 본래 멕시코 전통 방식의 코치니토 피빌은 불을

피우는 오븐을 땅속에 만들고, 바나나 잎에 싼 어린 돼지를 통으로 구워내는 요리다.

카르니타스* 타코carnitas taco는 단연 엘피노323의 최고 인기 메뉴다. 셰프 D는 타코를 맛있게 먹는 방법을 이렇게 귀띔한다. "타코에서 라임은 꼭 필요합니다. 라임은 생양파의 매운맛을 살짝 죽여주기 때문에 양파 위에 뿌려 30초 정도 기다린 후에 먹으면, 라임의 상큼함이 야채와 고기에 잘 어우러진 타코를 즐길 수 있습니다. 또한 먹은 후 속이 편하고 소화가 잘 된다는 장점도 있죠."

이곳에선 타코뿐 아니라 멕시코의 다양한 음식을 선보인다. 3가지의 엔칠라다를 빼놓을 수 없다. 엔칠라다는 옥수수

---

* 카르니타스carnitas는 작은 고기 조각이란 뜻이다. 돼지고기를 돼지기름에 조리하여 작게 자른 모양을 이르는 표현이다.

토르티야에 소를 넣고 말아 소스를 뿌려 먹는 전통 음식이다. 치킨 엔칠라다에 올라가는 살사베르데salsa verde는 산미가 느껴지는 톡 쏘는 소스다. 이곳에선 셰프 D가 직접 만든 수제 살사베르데가 엔칠라다 본연의 맛을 살려준다. 브리스킷 엔칠라다brisket enchilada는 부드러운 양지머리 부위 소고기가 들어가 멕시코 음식을 처음 접하는 이들에게 진입 장벽을 낮춰준다. 치킨 엔칠라다chicken enchilada와 포크그린칠리 엔칠라다pork green chile enchilada는 매운맛을 좋아하는 사람들에게 인기가 있다. 조금 맵고 짠맛이 강하게 느껴지지만, 같이 나오는 라이스와 블랙빈의 고소한 맛이 매운맛을 중화시켜준다.

육즙 팡팡, 카르니타스 타코

비야게레로

📍 서울 강남구 봉은사로78길 12
📞 02-538-8915
📷 @vgtacos
🍴 카르니타스 타코, 스파이시 초리소 타코

멕시코를 여행하는 동안 가장 많이 드나들게 되는 곳은 바로 타케리아taqueria, 타코 가게다. 현지에서는 대개의 타케리아가 포장 중심으로 운영하기에 좌석은 없고, 단출한 규모로 꾸려진다. 멕시코 사람들에게 타코란 서너 번만 베어 물면 사라지는 간식이다. 그에 비해 한국에서 타코를 파는 레스토랑은 대체로 좌석을 갖추고 있고, 그만큼 격식을 갖춘 공간일 때가 많다. 어느덧 한국에도 드문드문 타케리아가 정착하고 있는 모양새지만, 수많은 종류의 타코를 충분히 누리기엔 식재료 수급, 레시피의 다양성 등이 다소 부족한 실정이다.

그럼에도 불구하고 비야게레로Villa Guerrero를 떠올리면 미래는 밝아 보인다. 삼성동의 주택가 골목에 자리한 이곳은 노란색 외벽이 멕시코의 태양처럼 형형해서 한눈에 시선을 사로잡는다. 테이블을 힐끗 보니 멕시코인 몇몇이 모여 앉아 타코를 먹고 있다. 음식 맛이 진짜배기란 증거다. '어떻게 이런 동네에 이런 곳이 있지?' 나를 포함해 이곳을 찾는 이들 대다수는 어리둥절한 채다. 패기만만한 오너 셰프 이정수는 이렇게 응수한다. "안 될 건 없으니까!" 그는 멕시코를 여행하면서 멕시칸 음식과 사랑에 빠지게 됐고, 그 매력을 널리 공유하기 위해 식당을 열기로 결심했다.

비야게레로의 대표 메뉴인 카르니타스 타코Carnitas Tacos는 멕시코의 미초아칸Michoacán주에서 유래한 돼지고기 중심의 타코다. 토르티야 위에 돼지고기, 고수 잎, 잘게 썬 양파, 수제 살사(토마토, 소금, 후추, 양파, 라임즙 등을 넣어 만든 소스)를 얹어 완성하는데, 특히 돼지고기는 저온에서 서너 시간 동안 뭉근히 익히기 때문에 매우 부드러운 질감과 풍부한 육즙을 자랑한다. 이곳의 카르니타스 타코가 비범한 것은 돼지고기의 4가지 부위를 선택해서 맛볼 수 있다는 데에 있다. 이때 초심자라면 돼지의 어깨 부근 살코기인 마시사maciza를, 이보다 조금 더 모험적인 맛을 즐기고 싶다면 부체buche(위주머니), 쿠에로cuero(껍데기), 렝과leugua(혀)를 권한다. 이들을 조금씩 섞은 모둠 수르티도surtido를 고른다면 모두를 맛볼 수 있어 만족스럽다. 다른 선택지로는 스파이시 초리소 타코 Spicy Chorizo Tacos도 있다.

비야게레로를 제대로 즐기기 위해 미리 알아둬야 할 게 있다. 우선, 이곳의 모든 타코에는 고수가 들어간다는 것. 그리고 부디, 포크를 사용하지 말라는 것. 타코는 본질적으로 '핑거푸드'다. 끝으로, 전통 음료 오르차타horchata에 도전해보라는 것. 멕시코산 맥주도 좋지만, 쌀과 우유에 바닐라와 시나몬을 넣어 향을 낸 오르차타 한 모금이면 멕시코가 훌쩍 가깝게 느껴진다.

브라질 국민 간식을 맛보다
빠스뗄브라질

📍 경기 수원시 팔달구 수원천로255번길 6 영동시장 A동 2층 청년몰 2227호
📞 0507-1327-6547
📷 @pastel.brasilkorea
🍴 파스텔, 카이피링야, 페이조아다, 스트로고노프, 키베

수원 영동시장 안에 브라질 국기가 펄럭인다. 이곳은 브라질 가정식을 선보이는 식당, 빠스텔브라질이다. 몇 달 전만 해도 브라질에서 온 데이비드Deyvid는 푸드트럭에서 브라질의 대표적인 길거리 음식인 파스텔pastel을 팔았다. 제

대로 발음하면 '빠스뗄'에 가까운 이 음식은 넓찍한 반죽 위에 치즈나 고기 등 원하는 재료를 넣고 반으로 접은 뒤 튀겨내어 완성한다. 뭘 넣어 만드는지에 따라 취향껏 즐길 수 있으니, 하얀 반죽이 마치 흰 도화지처럼 느껴진다.

자, 그렇다면 브라질 미식 여행은 어디서부터 어떻게 시작해야 할까? 우선은 식전주 카이피링야Caipirinha부터 탐미해보는 것이 좋겠다. 카샤사cachaça는 사탕수수를 발효시킨 뒤 다시 증류한 고도주로, 사탕수수 생산량이 많은 나라 브라질을 대표하는 술이다. 우리의 소주처럼 가격도, 맛도, 지방색도 다채롭다. 카이피링야는 이 카샤사를 기주 삼아 라임을 한 가득 넣고 컵 위에 설탕을 발라 마시는 음료다. 입에 컵이 닿는 첫 순간엔 달콤하고, 라임향이 훅 밀려올 땐 새콤하고, 시원한 액체가 목구멍에 빨려 들어가자 순식간에 알딸딸한 취기가 느껴진다. 미뢰가 올올이 곤두서는 느낌이다.

팥죽처럼 검은빛이 감도는 페이조아다feijoada를 맛볼 차례. 페이조아다는 콩과 쌀을 주식으로 먹는 브라질의 대표적

인 집밥 메뉴다. 한때는 가난한 노
동자들의 음식이었는데, 돼지고기
부산물을 콩과 함께 되직하게 끓
여 먹으며 부족한 영양분을 섭취했다고 전해진다. 이곳의
페이조아다는 콩 반, 고기 반으로 뚝배기를 가득 채운다.
새콤한 맛이 두드러지는 몰료 아 캄파냐Molho à campanha(브
라질식 살사 소스)와 매콤한 칠리 오일을 곁들이면 풍미가 한층
살아난다.

　브라질은 포르투갈로부터 지배를 당하면서 수많은 이민
자를 받아들인 나라다. 때문에 다양한 나라의 음식을 가정
식으로 즐겨 왔다. 나폴리탄이 이탈리아의 스파게티를 일본
식으로 재해석해 널리 사랑 받았듯, 스트로고노프Strogonoff
는 이름에서도 느껴지듯 러시아에서 왔지만 지금은 브라질
사람들이 날마다 즐겨 먹는 '국민 음식'이 되었다. 미국 사람
타드 또한 어린 시절 어머니가 해주셨던 음식으로 꽤나 익숙
함을 느낀다. 아마도 스트로고노프는 러시아에서 미국으로,
다시 남미로 긴 여행을 한 끝에 정착했을 테다. 스트로고노
프 한 그릇엔 모두를 만족시킬 만한 재료가 올라간다. 닭고
기에 부드럽고 고소한 크림소스를 끼얹고, 프렌치프라이와
밥을 한데 곁들인다. 평범한 듯하지만 누구도 거부할 수 없
는 맛이랄까. 현지에서는 기호에 따라 소고기나 새우를 넣어
즐기기도 한단다. 그런가 하면 레바논에서 온 키베Quibe도
브라질 사람들의 환대를 받아온 음식이다. 다진 양파와 소고

기를 럭비공 모양으로 빚은 뒤에 튀기면 완성된다. 팔라펠 falafel(병아리콩 반죽을 튀긴 중동 음식)과도 식감이 비슷한 듯 하지만, 씹는 맛이 쿠스쿠스처럼 거칠고 비균질적인 것이 매력이다. 어른 손바닥만 한 크기의 키베는 하나만 먹어도 금세 포만감이 느껴지는데, 중독적인 맛 때문에 참지 못하고 자꾸 입에 넣게 된다.

마무리는 파스텔 드 케이주pastel de queijo, 그러니까 영어식으로 표현하면 '치즈 파스텔'이다. 브라질에서는 소를 많이 기르기 때문에 지역마다 다양한 치즈가 생산된다고 한다. 브라질 현지에서는 파스텔 또한 여러 가지 치즈로 즐길 수 있지만, 한국에서는 구할 수 있는 치즈가 다소 한정적인 편이고 선보일 수 있는 파스텔 드 케이주의 종류 또한 제한적이다. 여기에 염소치즈가 들어가면 과연 어떤 맛이 될까? 브라질의 지구 반대편에서 파스텔 드 케이주를 먹으며 이런저런 상상을 해본다.

페루비안 퀴진이란 이런 것
세비체210

📍 경기 평택시 쇼핑로 12 2층

📞 031-665-4698

📷 @ceviche210

🍴 세비체, 로모 살타도

해마다 최고의 미식 스폿을 가려 뽑는 '월드 50 베스트 레스토랑'의 리스트 중 10위권 안에 2곳의 페루비안 레스토랑이 든다는 사실을 알고 있는지. 사실, 오늘날 페루가 세계인들이 주목하는 미식 국가로 발돋움한 건 놀라울 일도 아니다. 다민족, 다문화, 오랜 역사, 다채로운 기후와 식생을 품에 안은 페루의 풍광은 태평양의 아득한 수평선부터 7,000m에 이르는 안데스 산맥의 깎아지를 듯한 능선까지 거침없이 가로지른다. 페루비안 식문화는 그 자연의 축복 속에서 탄생했다. 무려 5,000종에 가까운 감자의 원산지가 페루라는 사실 또한 흥미롭다.

페루비안 음식을 한 번쯤 경험하고 싶은 이들이라면, 경기 평택시로 짧은 여행을 떠나도 좋겠다. 평택의 세비체210

은 페루 출신 주인장이 운영하는 식당이다. 오너 셰프 후안 다비드 하코메Juan-David Jacome는 주한 페루 대사관의 헤드 셰프 출신으로, 페루 전통 요리에 대한 자부심으로 똘똘 뭉친 사내다. 참고로 이곳의 상호이기도 한 세비체ceviche는 페루를 대표하는 음식으로, 날생선이나 해산물을 라임 주스와 매운 고추에 절여 먹는 샐러드의 일종이다.

세비체가 애피타이저에 가까운 음식이라면, 소고기 조림과 쌀밥에 감자튀김을 곁들여 먹는 로모 살타도lomo saltado는 든든한 메인 요리다. 로모 살타도는 페루의 중국계 이민자들이 이룬 치파Chifa* 전통에 놓여 있는 요리로, 간장 소스 등 중식의 뉘앙스가 짙은 것이 특징이다.

세비체와 로모 살타도를 실컷 즐겼다면 치차 모라다 chicha morada 를 홀짝일 때다. 자색 옥수수를 끓여 만드는 음료로, 와인처럼 붉은빛을 띠지만 수정과처럼 달짝지근한 맛에 계피 향을 풍긴다. 디저트로는 쌀을 우유에 넣고 향신료를 더해 조리한 푸딩, 아로스 콘 레체arroz con leche가 제격이다.

---

* 페루의 중국 식당. 19세기 중반 중국에서 온 이민 노동자들로부터 유래한 페루식 중국 음식은 현재 페루의 식문화를 이루는 어엿한 한 축으로서 자리매김하고 있다.

라티노 & 라티나처럼 노는 법
까사라티나

📍 서울시 마포구 와우산로29가길 13, 3층
📞 010-8757-7665
📷 @casalatina.corea
🍴 엠파나다, 추라스코

타향살이가 덜 고달프려면 '고향의 맛'을 가까이 두는 게 좋다. 서울 마포구 서교동의 '커피프린스 골목' 부근에 자리한 까사라티나Casa Latina는 한국에 정착한 라티노와 라티나들을 위한 향우회이자 사랑방이다. 팬데믹 이전에는 늦은 밤까지 라틴 음악이 흘러나오는 파티의 장이었다. 이곳 주인장은 한국계 에콰도르인 브루스 리Bruce Lee와 그의 아내로, 이들은 대학원 등록금을 무사히 조달하기 위한 방편으로 엠파나다empanadas*를 만들어 팔면서 본격적으로 가게를 시작하게 됐다. 서울의 크고 작은 푸드 페스티벌에 참여하면서 엄청난 양의 엠파나다를 팔아 치운 그들은 치킨과 치즈를 넣어 만든 '튀김빵'이 한국인들은 물론이고 한국에 체류하는 외국인들에게 사랑 받을 수 있다는 걸 깨달았다.

까사라티나는 에콰도르 음식에만 특화된 것은 아니고, 남미 전역의 식문화를 반영한 다채로운 메뉴를 선보인다. 이를테면 새우 세비체를 플랜틴plantain(카리브해가 원산지인 바나나로 단맛이 덜해 요리에 자주 쓰인다) 칩과 함께 내는 식인데, 세비체의 새큼한 맛과 플랜틴 칩의 바삭함이 훌륭한 조화를 이룬다. 이곳에 왔다면 반드시 추라스코Churrasco는 먹어봐야 한다. 소고기 위에 달걀부침과 쌀밥, 감자튀김을 한데 올려내는 요리다. 달걀노른자를 포크로 터트려 고기에 적당히 스며들게 만든 뒤에 먹으면 더 맛있게 즐길 수 있다.

---

* 얼핏 거대한 튀김만두처럼 생긴 음식. 밀가루 반죽으로 주머니 모양을 만들고 안에 고기와 채소 등으로 소를 채운 뒤에 튀겨내는 중남미 지역 전통 요리다. 엠파나다는 에콰도르의 전유물만은 아니고, 중남미 국가 전역에서 그들 각자의 방식으로 변주해 즐긴다.

MIDDLE

EAST &
AFRICA

미지의 맛, 중동 & 아프리카

머나먼 땅, 그래서 더 신비롭게 느껴지는 곳. 중
동과 아프리카로 간다. 할랄 문화로 대표되는 중
동 음식에는 종교적 삶의 규율이 깃들어 있다.
검은 대륙 아프리카로 가면 다양한 문화가 빚어
낸 독특한 향미가 뿜어져 나온다. 요르단, 예멘,
모로코, 그리고 남아프리카공화국의 식탁을 마
주하며 아득한 맛의 여정을 떠난다.

④

Jordan
Yemen

요르단
예멘

요르단 왕족이 사랑한 맛

페트라

📍 서울 용산구 녹사평대로40길 33, 2층

📞 02-790-4433

🍽️ 후무스, 팔라펠, 만사프

"괜찮으시다면 제가 메뉴 추천을 해드려도 될까요? 더 맛있게 즐길 수 있는 조합으로요." 주인장의 반가운 오지랖이 이어진다. "사실 요르단에서는 손님이 고르신 메뉴들을 함께 먹지 않거든요. 하지만 원하시면 그대로 준비해드릴게요." 녹사평에 위치한 요르단 레스토랑, 페트라Petra에 가면 오직 고향에 대한 자부심으로 음식과 문화를 알리는 요르단 민간 홍보대사 야세르 알 타마리Yaser Al Ta'mari를 만날 수 있다. 요르단을 논하면서 페트라를 빼놓을 순 없으니, 작명 센스도 적절하다. 요르단이 자랑하는 세계문화유산 페트라는 홍해와 흑해 사이에 걸친 고대 도시로, 장밋빛 사암을 깎아 만든 거대 구조물의 기이하고 아름다운 모습이 알려지기 시작하면서 전 세계인들이 찾는 관광지가 됐다.

중동 지역에서 한국을 찾은 관광객은 2019년에 이르러 100만 명을 돌파했다. 하지만 2018년 하반기 기준으로 보았을 때 국내 할랄 식당은 여전히 250곳뿐이다. 2004년부터 영업을 시작한 페트라는 한국 최초의 할랄 식당으로, 국내 할랄 식문화의 선구자라 할 만하다. 2010년에는 함자흐 빈 후세인Hamzah bin Hussein 왕자가 직접 방문하고 식사한 곳으로 알려지면서 눈길을 끌기도 했다. 요르단 로열 패밀리의 까다로운 입맛도 만족시킨 이곳의 음식이 궁금해진다.

시작은 후무스hummus, 팔라펠falafel, 그린 샐러드와 갓 구워낸 납작빵 쿠브즈khubz가 좋겠다. 후무스와 팔라펠의 공통점은 병아리콩이 주재료라는 것. 후무스는 잘게 간 병아리

콩과 참깨로 이루어진 페이스트paste로, 옻나무 열매를 갈아 만든 수막sumac 분말을 얹어 함께 낸다. 팔라펠 또한 간 병아리콩을 사용하는데, 다진 마늘, 커민, 파슬리를 넣은 반죽을 둥글게 빚어 튀겨낸 요리다. 이들을 먹는 방법은 다음과 같다. 쿠브즈를 고깔 모양으로 만들어 팔라펠을 올리고, 그 위에 후무스와 마늘 소스나 핫소스를 바른 뒤 그린 샐러드를 얹어 크게 한 입 베어 물면 된다. 후무스의 고소함과 부드러운 풍미, 팔라펠의 바삭한 질감이 혀끝을 감쌀 것이다. 이때, 먹는 모습이 영 신통치 않은 당신이라면 주인장 야세르가 찾아가 제대로 즐기는 법을 몸소 시연할 것이다.

배불리 먹고 싶다면 만사프Mansaf를 주문해야 한다. 새큼한 요거트 소스에 밥과 양고기를 얹어 내는 요리인데, 요르단에서는 귀한 손님이 방문하면 존경과 우정의 의미로 대접한다. 사실 요르단에서는 만사프를 먹는 특별한 예가 있다. 나이 순으로 고령자부터 맛볼 수 있는데, 왼손을 몸 뒤에 두고 오른손으로 적당한 양의 밥과 양고기를 동그랗게 만들어 엄지손가락 위에 얹고 입에 넣어 먹는 것이다. '외식은 곧 경험'이라고 믿는 용기 있는 미식가라면, 한 번쯤 도전해 볼 만하지 않을까?

제주의 첫 아랍 식당

아살람 레스토랑

📍 제주 제주시 중앙로 2길 7
📞 0504-3139-6652
📷 @jejuhalalasalam
🍽 하니드, 무타발

2018년, 제주 인구가 급격하게 늘었다. 500명의 예멘 사람들이 전쟁으로 얼룩진 조국을 떠나 제주에 상륙해 한국으로의 망명을 신청했기 때문이다. 새로운 나라에 자리 잡는 일이 쉽지는 않겠으나, 걸쳐 입은 옷 말곤 아무것도 없는 이들의 상황이야 두말할 필요도 없으리라. 망명을 원하는 예멘 사람들의 곤경이 알려지면서 한국 국민 일부는 난색을 표하기도 했으나, 이들은 예멘 음식을 통해 자국의 문화를 알리고 예멘 난민에 대한 한국 사람들의 인식을 긍정적으로 바꾸기 위한 시도를 감행한다.

제주의 할랄 식당인 아살람 레스토랑Asalam Restaurant은 바로 그 결과물이다. 아살람에서는 예멘 사람뿐 아니라 한국 사람들도 예멘의 맛을 제대로 느낄 수 있고, 할랄 계율을 따른 음식만을 내기 때문에 무슬림 관광객들도 이곳에서 편안

하게 식사를 즐길 수 있다. 무엇보다 예멘을 대표하는 국민 음식인 하니드haneeth(양고기를 예멘 전통 화덕인 타니와tannour에 구워낸 요리)와 바스마티basmati(인도 원산지인 쌀로 향기가 나고 점성이 약하다) 쌀밥을 한데 즐길 수 있는 식당은 아마도 한국에서 이곳이 유일무이할 것이다. 후무스는 물론이거니와 훈연 향이 짙은 무타발mutabal(구운 가지를 저며 올리브오일, 마늘, 요거트 등과 함께 섞은 소스)도 이곳에서 즐길 수 있다. 이곳에서 예멘 음식을 즐기다 보면, 서아시아 남쪽 끄트머리에 자리한 예멘이라는 나라가 그리 멀지만은 않다고 느끼게 된다.

할랄
Halal

허락된 양식

최근 몇 년 간 부쩍 상호에 '할랄halal'이라는 단어가 쓰인 레스토랑이 눈에 띈다. 할랄은 '허용할 수 있는'이라는 뜻으로, 할랄 음식이란 이슬람 율법의 경전인 코란에서 인정하는 음식을 일컫는 말이다(반대로 율법에서 금하는 음식은 '하람haram'이라 한다). 재료, 손질 과정, 조리법 등 요리의 전 과정이 엄격한 기준 하에 이루어져야 한다. 일례로 할랄 음식의 모든 식재료는 반드시 이슬람 신앙 하에서 섭취 가능한 것이어야 하며, 할랄이 아닌 것과의 접촉을 완전히 피해야만 한다.

한국의 할랄 식당

전 세계 무슬림 인구는 2030년까지 22조에 이를 전망이며, 2019년 통계에 따르면 한국을 찾은 무슬림 관광객은 1백 만 명이 훌쩍 넘어섰다고 한다. 이미 눈 밝은 한국의 식품 기업들은 할랄 시장에 뛰어든 지 오래다. 우리가 알지 못했을 뿐, 한국 음식도 얼마든지 할랄 음식이 될 수 있다. 할랄의 기준을 충족하기만 한다면 한국 사람들이 일상적으로 즐기는 다양한 요리를 할랄 방식으로 마음껏 즐길 수 있다. 이슬람교서울중앙성원이 자리한 이태원을 중심으로 할랄 음식점이 늘어나고 있는 것은 사실이지만, 국내 무슬림 인구와 관광객 증가 비율에 비하면 여전히 부족한 편이다. 할랄 식당을 장려한다고 무슬림이 되기를 권하는 건 결코 아니다. 무슬림 아닌 사람들도 할랄 음식을 통해 조금 더 윤리적인 기준으로 마련된 음식을 즐길 수 있고, 게다가 아랍 문화를 엿볼 수 있으니 일석이조 아닌가. 그러니 '할랄'이라 쓰인 간판을 마주한다면, 부디 주저하지 말고 도전해보기를!

할랄 음식 알아보기

할랄 음식은 다음의 조건을 모두 충족하는 재료로 만들어진다.

❶ 할랄 육류

우선 소, 염소, 양고기만 허락된다. 도축업자는 무슬림으로서 도축의 순간 반드시 알라의 이름을 외치며 아주 날카로운 칼로 동물의 목을 내리친다. 특히 동맥과 정맥을 단번에 끊어 흐르는 피의 양과 도살의 고통을 최소화하는 것이 관건이다. 이때 가축은 메카Mecca 방향을 마주한 상태여야 한다.

❷ 할랄 해산물

대체로 모든 해산물을 할랄 음식으로 여기는데, 일부 종파에서는 게나 로브스터 같은 갑각류를 하람이라 여긴다.

❸ 금지된 음식

돼지고기, 모든 종류의 육식 동물, 피, 알코올의 섭취는 엄격히 금지된다.

+ 할랄 식당의 분류 기준

할랄 인증 식당 : 공식 할랄 인증 기관으로부터 모든 메뉴가 할랄 음식임을 공인 받은 식당

자체 인증 식당 : 무슬림 운영자가 자체적으로 모든 메뉴가 할랄 음식임을 인정한 식당

무슬림 친화 식당 : 메뉴 일부가 할랄 음식이며 알코올 음료를 판매하는 식당

코셔
Kosher

코셔 푸드의 세계

뉴욕에서 인천으로 향하는 비행기 안, 한 승객이 기내식 박스의 라벨을 꼼꼼히 확인하고는 내용물을 조심스레 들여다본다. 그는 지금 엄격한 종교적 율법에 따라 만든 자신의 식사를 맞닥뜨리는 중이다. 코셔 밀Kosher meal은 유대인의 식사 율법Kashrut Law을 따른 음식을 뜻한다. 가장 까다로운 기내식으로도 이름이 높은데, 승무원이 식사를 조리하기 전에 승객이 직접 코셔 라벨과 식사의 내용물을 확인해야 하기 때문이다. 코셔Kosher는 히브리어로 '순수한, 적합한, 섭취하기에 적합한'의 뜻을 가진 단어 '카셰르kashér'에 어원을 둔다.

코셔 푸드는 생산, 가공, 식사에 이르는 모든 과정이 가장 까다로운 종교음식 중 하나다. 1,500만 명에 이르는 유대인이 이 율법을 따라 날마다 음식을 준비하고, 섭취한다. 유대인이 거주하지 않는 나라는 생각보다 많지 않다. 유대교를 국교로 하고 있는 나라는 이스라엘이 유일하지만 전세계 곳곳에 유대교를 믿고 자신을 유대인으로 소개하며 그 율법을 생활 속에서 지켜나가는 사람들을 만나는 것은 그리 어려운 일이 아니다. 특히 이민자가 많은 미국에서는 유대계 러시아인Russian Jewish, 유대계 폴란드인Polish-Jewish 등 국적과 함께 자신이 유대인임을 밝히는 사람들을 자주 맞닥뜨릴 수 있다.

유대교는 종교 이상의 의미이기에, 유대인들은 조건이 까다로운 식습관도 당연한 것처럼 감내한다. 현재 대한민국에서는 방한하거나, 거주하고 있는 유대인들을 위해 설립된 '한국 카바드Chabad of Korea'라는 유대교

커뮤니티에서 코셔 식품 쇼핑몰(www.koreakosher.com)을 운영하고 있다. 비록 규모는 작지만, 한국 내 유대인들에게는 사막의 오아시스처럼 귀하게 여겨진다. 게다가 최근엔 코셔 푸드가 종교음식이라기보다 안전하고 건강한 음식으로 인식되면서 할랄 인증 기준뿐 아니라 코셔의 기준을 맞춰 생산하는 기업들이 늘어나는 추세다.

코셔 푸드 알아보기

코셔 식품은 크게 3가지로 나뉜다.

❶ 육류 : 히브리어로 '플레이셰그fleishig'라 불리는 육류는 포유류와 가금류, 여기서 나온 뼈나 육수 등도 포함한다.

❷ 유제품 : 유제품인 '밀치그milchig'에는 우유, 치즈, 버터 요거트가 해당된다.

❸ 육류와 유제품 외 : 파레브는 '뉴트럴neutral'이라고도 하는데 육류나 유제품을 제외한 생선, 달걀 그리고 식물성 재료가 포함된다.

코셔 푸드를 섭취할 때는 다음의 규칙을 반드시 따라야 한다.

❶ 육류와 유제품을 같이 먹어서는 안 된다. 준비하는 과정부터 요리 그리고 서빙되는 과정 중에도 철저하게 분리가 되어야 한다. 코셔에서 이 규율에 대한 중요성은 가장 잘 지켜져야 하는 것 중 하나이며 또한 고기를 섭취하고 6시간 정도는 기다린 후에야 유제품을 섭취할 수 있다.

❷ 코셔 육류는 율법에 의해 도살 자격을 인정한 쇼켓shochet에 의해 진행돼야 한다. 도살된 고기는 피를 잘 제거한 상태에서 요리되어야 한다.

❸ 소, 양, 염소 등의 젖으로 만든 유제품은 코셔 안에 들어갈 수 있다. 다만 같은 동물에서 얻은 젖과 레닛(치즈를 응고시키고 발효시키는 효소로 반추동물의 4번째 위로부터 얻는다)은 같이 사용될 수 없으므로, 치즈 제조 시 레닛이 들어가지 않는 생치즈나 식물성 레닛으로 만든 치즈를 먹는다.

❹ 해산물은 지느러미와 비늘이 있는 생선만 먹을 수 있다. 고등어나 참치 등 비늘이 없는 생선이나 새우, 게, 굴 같은 갑각류나 조개류도 금기시된다. 알은 가금류나 생선알 모두 섭취할 수 있다.

Morocco
Republic
of South
Africa

모험의 땅 아프리카

모로코
남아프리카공화국

다채로운 향신료의 풍미

카사블랑카 샌드위치
& 모로코코 카페

📍 **카사블랑카 샌드위치** 서울 용산구 신흥로 35
모로코코 카페 서울 용산구 신흥로 34

📞 **카사블랑카 샌드위치** 02-797-8367 **모로코코 카페** 02-794-8367

📷 **카사블랑카 샌드위치** @casablancasandwich
모로코코 카페 @morocococafe

서울 용산구 해방촌 일대는 요 몇 년 새 가장 핫한 동네가 되어가고 있다. 해방촌이 지금의 자유분방한 분위기를 이루는 데 일조한 가장 대표적인 공간을 꼽아야 한다면 카사블랑카 샌드위치Casablanca Sandwicherie(이하 카사블랑카)와 모로코코 카페Morococo Café(이하 모로코코)가 아닐까? 모로코에서 날아온 주인장 와히드 나치리Wahid Naciri는 이곳에 2010년 카사블랑카를, 2016년 모로코코 카페를 오픈하면서 고향의 맛을 한국 사람들에게 알리기 시작했다. 다양한 문화가 공존하는 지역인 만큼, 반응은 뜨거웠다.

좋은 샌드위치는 좋은 빵 없인 만들 수 없다. 카사블랑카의 모든 샌드위치는 날마다 새로이 구워내는 신선한 빵으로 조리되어 최상급의 맛을 낸다. 가장 인기 있는 것은 치킨 샌드위치인데, 밤새 올리브오일, 레몬주스, 마늘, 그리고 '라스 엘 하누트ras el hanout'라 불리는 향신료 믹스로 마리네이드해 남다른 풍미를 지닌다. 라스 엘 하누트는 카다멈, 정향, 그리고 계피 등의 이국적인 향으로 이뤄진다. 샌드위치와 곁들이로 제공되는 모로코식 감자튀김 마아쿠다maakouda도 발군이다. 으깬 감자와 향긋한 허브를 뭉쳐 바삭하게 튀겨낸 요리인데, 샌드위치와 함께 먹으면 한 끼로 충분한 포만감을 준다. 이렇게 완성도 높은 한 접시의 샌드위치가 고작 1만원가량이라, 카사블랑카는 언제나 문전성시를 이룬다. 줄을 서서 기다리더라도 일단 한 번 샌드위치를 먹고 나면 기다림도 감내할 만한 맛이라는 생각이 든다.

샌드위치보다 격식 있는 모로코 음식을 제대로 즐겨 보고 싶다면 카사블랑카 길 건너에 자리한 모로코코로 가야 한다. 이곳은 제대로 된 모로칸 타진tagine을 선보이는 곳이다. 타진이란 점토를 고깔 형태로 빚어 만든 모로코의 전통 냄비이자, 동시에 이것으로 만든 요리를 뜻하는 단어다. 타진으로 요리한다는 것은 곧 습기와 풍미를 식기 안에 완전히 가두어 음식에 흠뻑 스미도록 만든다는 의미다. 이곳에서 강력 추천하고 싶은 메뉴는 양고기 라스 엘 하누트 케프타 타진과 그린 올리브를 곁들인 레몬 치킨의 두 가지다. 특히 레몬 치킨은 모로코 퀴진을 대표하는 음식인 레몬 절임의 풍미를 제대로 느낄 수 있는 음식이다. 빼어난 맛과 향은 물론, 아름다운 만듦새가 오감을 즐겁게 만든다.

굽고, 절이고, 끓여낸 고기의 맛

브라이 리퍼블릭

📍 **본점** 서울 용산구 이태원로14길 19 2층
　평택점 경기 평택시 팽성읍 안정쇼핑로 17-1 2층

📞 **본점** 0507-1340-1967 **평택점** 0507-1304-7567

🍽️ 부르보스, 빌통, 양고기 포이키

아프리카의 무지개라고
불리는 남아프리카공화국(이
하 남아공)은 풍부한 천연 자원
과 함께 원주민과 네덜란드
인, 영국인을 비롯해 말레이
시아, 인도 등 여러 나라에서
온 민족이 조화를 이룬 나라
다. 한국의 '무지개'인 이태원
과도 너무 잘 어울리는 브라
이 리퍼블릭Braai Republic에서 남아공의 음식을 선보인다.

남아공에서 바비큐는 음식을 넘어 문화에 가깝다. 브라
이Braai는 아프리칸스어로 바비큐를 뜻하는 말이다. 고기를
그릴에 구워 먹는 남아공의 대표적인 음식 문화다. 한때 치
안이 불안해 외식보다는 친구를 초대해 집에서 모이는 남아
공의 생활양식을 반영하는 음식이기도 한다. 브라이는 고기
를 굽는 그릴 기구를 뜻하기도 하는데 집을 지을 때 브라이
를 실내나 정원에 설치할 만큼 브라이는 남아공 사람들에게
빼놓을 수 없는 요소다. 소, 돼지, 닭고기도 즐겨 먹지만 양
고기로 만든 '램찹 브라이Lamb Chop Braai'는 가장 대표적인
메뉴다.

브라이 리퍼블릭의 로디 반크로프트Roddy Bancroft와 크
리스 트루터Chris Truter는 남아공 출신으로 각각 2001년,
2005년에 한국에 왔다. 고향의 음식이 그리웠으나 먹을 수

있는 곳이 없었던 이들은 각자의 손재주를 모아 남아공의 육가공품을 만들어 파는 서양식 정육점을 시작했다. 주 메뉴는 부르보스Boerewors와 빌통Biltong으로, 다른 나라에서는 먹기 힘든 진정한 고향 음식이다. 부르보스의 '부르'는 농부, '보스'는 소시지를 뜻하는 아프리칸스어다. 소, 양, 돼지고기를 작게 잘라 소금, 후추, 향신료로 양념해 동물의 창자를 이용해 만든 소시지다. 집마다 만드는 레시피가 달라 여러 종류의 부르보스가 있으며 이것 또한 '브라이' 해서 먹는다.

램찹 외에도 양고기를 맛있게 먹는 메뉴가 하나 더 있다. 바로 '양고기 포이키Lamb Potjie with Pap and Slaw'다. 양고기를 오랜 시간 푹 끓여 양념이 속속들이 밴, 갈비찜과 흡사한 음식이다. 양고기와 함께 노란색 '팝'이 같이 나오는데 팝은 옥수수를 곱게 갈아 만든 죽과 비슷하다. 목에서 부드럽게 넘어가고 아삭한 콜슬로와도 잘 어울린다.

남아공에 남은 영국의 흔적은 미트 파이에서 찾을 수 있다. 고소한 파이 도우 안에 간 고기를 넣어 굽는데, 모양은 디저트 같아 보이지만 한끼로 충분한 요리다. 영국은 고기 안에 소스로 양념하는 반면, 남아공에선 간단히 양념된 고기를 넣고 그레이비 소스를 따로 담아 내기에 훨씬 담백한 미트 파이를 맛볼 수 있다.

브라이 리퍼블릭의 자매 식당, 파이 리퍼블릭(서울 마포구 양화로23길 10-10, @pierepublickorea)에 가면 다양한 종류의 파이를 만나볼 수 있다. 남아공 정통 방식으로 정성껏 만든 파이는 시원한 맥주가 잘 어울린다. 청량한 오후, 고기가 듬뿍 들어간 파이에 맥주 한 병 들고 연트럴파크로 소풍 가도 좋겠다.

잇쎈틱이 제안하는 매력적인 미식 여행 코스

#씨네맛 @cine_mat

'영화 속 음식을 먹어볼 수 있다면?' 잇쎈틱의 대표 이벤트 씨네맛은 이 단순한 호기심에서 출발했다. 참석자들은 영화를 보고 영화 속 음식을 먹는데, 이 음식은 현지 셰프가 정통 방식으로 손수 준비한 것이다. 인도 영화 〈런치박스Lunch Box〉를 보며 인도 짜이와 남킴namkeem(인도식 과자), 달과 로티, 맥주를 즐겼던 첫 번째 씨네맛부터 폴란드의 〈콜드 워Cold War〉를 감상했던 24번째 씨네맛까지. 80인 분의 음식을 싣고 먼 길을 와준 24명의 셰프들과 문화 패널, CGV 박민영 담당자의 살뜰한 협조, 그리고 열광적인 참석자들이 있었기에 가능했던 놀라운 시간이었다.

#소셜다이닝

음식은 경험이다. 잇쎈틱의 소셜다이닝은 여행을 사랑하고 도전을 두려워하지 않는 이들에게 음식에 깃든 가치와 문화를 알리는 행사다. 평소에 주방에만 있던 셰프는 손님과 어울리며 현지의 식문화와 자신의 이야기를 기꺼이 나눠 준다. 음식을 먹는 순간, 우리는 오감을 동원해 문화를 경험하게 된다.

> **+ 잇쎈틱의 소셜다이닝**
> 햄라갓과 함께한 스웨덴의 여름 명절 Midsommer, 라이언 필립스와 다이 셰프가 함께한 미국의 추수감사절, 앙프랑뜨와 함께한 프렌치 크리스마스 송화산시도삭면과 함께한 중국의 명절

#소셜와이닝

아무리 좋은 와인이 있어도 즐길 줄 모른다면 낭패다. 와인 전문가가 와인 즐기는 법을 직접 귀띔해준다면 얼마나 든든할까. 잇쎈틱의 소셜와이닝은 와인을 마시면서 와인 전문가로부터 와인 이야기를 청하는 행사다. 지금까지 총 19회 진행됐고 아르헨티나, 이탈리아, 스페인, 프랑스, 호주 와인을 소개하는 동시에 어울리는 메뉴를 페어링했다.

#시킹더소스

초콜릿을 사랑하는 당신에게, 초콜릿을 어떻게 만드는지 알려주고 싶다. 잇쎈틱의 시킹더소스Seeking the Source는 '알면 알수록 맛있다'는 모토를 내세우고 '당연한 것처럼' 여기 도착해 있는 음식이 어떤 과정을 통해 만들어지는지 낱낱이 소개한다. 원산지, 레시피와 제조 공정, 만드는 이의 철학까지 알고 나면 음식의 가치가 새삼 달라보인다. 그리하여 시킹더소스는 음식의 탄생을 재조명하고자 한다.

> **+ 잇쎈틱의 시킹더소스**
> Seeking the Source I: 베네수엘라 빈투바 초콜릿
> Seeking the Source II: 수제맥주(제주도)
> Seeking the Source III: Farm-to-Table 농장 체험 및 소셜다이닝

Index   우리 동네 잇쎈틱 레스토랑 찾기

343

여권 없이 떠난다,

미식으로 세계 일주

초판 1쇄 2021년 5월 7일
초판 2쇄 2021년 9월 27일

지은이 | 타드 샘플 · 박은선

발행인 | 이상언
제작총괄 | 이정아
편집장 | 손혜린
책임편집 | 문주미
디자인 | Niceage 강상희
마케팅 | 김주희, 김다은

발행처 | 중앙일보에스(주)
주소 | (04513) 서울시 중구 서소문로 100(서소문동)
등록 | 2008년 1월 25일 제2014-000178호
문의 | jbooks@joongang.co.kr
홈페이지 | jbooks.joins.com
네이버 포스트 | post.naver.com/joongangbooks
인스타그램 | @j__books

©타드 샘플 · 박은선, 2021

ISBN 978-89-278-1217-3 03980

중앙북스는 중앙일보에스(주)의 단행본 출판 브랜드입니다.